建筑装饰装修职业技能岗位培训教材

建筑装饰装修幕墙工

（初级工）

中国建筑装饰协会培训中心组织编写

中国建筑工业出版社

图书在版编目（CIP）数据

建筑装饰装修幕墙工（初级工）/中国建筑装饰协会培训中心组织编写 .—北京：中国建筑工业出版社，2003

建筑装饰装修职业技能岗位培训教材

ISBN 7-112-05738-8

Ⅰ.建…　Ⅱ.中…　Ⅲ.幕墙-建筑工程-技术培训-教材　Ⅳ.TU767

中国版本图书馆 CIP 数据核字（2003）第 021251 号

建筑装饰装修职业技能岗位培训教材

建筑装饰装修幕墙工

（初级工）

中国建筑装饰协会培训中心组织编写

*

中国建筑工业出版社出版、发行（北京西郊百万庄）

新 华 书 店 经 销

北京市兴顺印刷厂印刷

*

开本：850×1168 毫米　1/32　印张：7½　字数：200 千字

2003 年 7 月第一版　2003 年 7 月第一次印刷

印数：1—5000 册　定价：**11.00** 元

ISBN 7-112-05738-8

TU·5037（11377）

本社网址：http://www.china-abp.com.cn

网上书店：http://www.china-building.com.cn

本教材根据建筑装饰装修职业技能岗位标准和鉴定规范进行编写，考虑建筑装饰装修幕墙工的特点，围绕初级工的"应知应会"内容，全书由幕墙工的基础知识、识图、材料、机具、施工工艺和施工管理六章组成，以材料和施工工艺为主线。

　　本书可作为幕墙工技术培训教材，也适用于上岗培训以及读者自学参考。

出 版 说 明

为了不断提高建筑装饰装修行业一线操作人员的整体素质,根据中国建筑装饰协会 2003 年颁发的《建筑装饰装修职业技能岗位标准》要求,结合全国建设行业实行持证上岗、培训与鉴定的实际,中国建筑装饰协会培训中心组织编写了本套"建筑装饰装修职业技能岗位培训教材"。

本套教材包括建筑装饰装修木工、镶贴工、涂裱工、金属工、幕墙工五个职业(工种),各职业(工种)教材分初级工、中级工和高级工、技师、高级技师两本,全套教材共计 10 本。

本套教材在编写时,以《建筑装饰装修职业技能鉴定规范》为依据,注重理论与实践相结合,突出实践技能的训练,加强了新技术、新设备、新工艺、新材料方面知识的介绍,并根据岗位的职业要求,增加了安全生产、文明施工、产品保护和职业道德等内容。本套教材经教材编审委员会审定,由中国建筑工业出版社出版。

为保证全国开展建筑装饰装修职业技能岗位培训的统一性,本套教材作为全国开展建筑装饰装修职业技能岗位培训的统一教材。在使用过程中,如发现问题,请及时函告我会培训部,以便修正。

中国建筑装饰协会

2003 年 6 月

建筑装饰装修职业技能岗位标准、鉴定规范、习题集及培训教材编审委员会

前　言

　　本书是中国建筑装饰协会规定的"建筑装饰装修职业技能岗位培训统一教材"之一，是根据中国建筑装饰协会颁发的《建筑装饰装修职业技能岗位标准》和《建筑装饰装修职业技能鉴定规范》编写的。本书内容包括初级幕墙工的基本知识、识图、机具、材料、施工工艺及施工管理等。通过系统的学习培训，可达到初级的标准。

　　本书根据建筑装饰装修幕墙工的特点，以材料和工艺为主线，突出了针对性、实用性和先进性，力求作到图文并茂、通俗易懂。

　　本书由深圳金粤幕墙装饰工程有限公司朱峰主编，由张文健、王春主审，主要参编人员曾达超、陈远程、竺林、张传凯、王骞、魏秀本。在编写过程中得到了有关领导和同行的支持及帮助，参考了一些专著书刊，在此一并表示感谢。

　　本书除作为业内幕墙工岗位培训教材外，也适用于中等职业学校建筑装饰专业、职业高中教学及读者自学参考。

　　本教材与《建筑装饰装修幕墙工职业技能岗位标准、鉴定规范、习题集》配套使用。

　　由于时间紧迫，经验不足，书中难免存在缺点和错漏，恳请广大读者指正。

目 录

第一章 初级幕墙工应具备的基础知识

第一节 建筑幕墙概述及初级幕墙工
在建筑装饰装修工程中的职能

一、建筑幕墙的历史和发展

我国自改革开放以来,建筑业的发展迅猛异常,公用与民用建筑的规模与档次不断提高,尤其是城镇的公共建设档次变化更为突出,在公共建筑中(如:商场、宾馆、写字楼、体育馆等)广泛使用建筑幕墙就是一个典型例子。建筑幕墙就是通过建筑师的建筑艺术构思和选型,利用玻璃或其他金属板材的某些特性使得建筑物别具一格,其光亮、明快和挺拔给人一种全新的概念,将建筑周围的街景、蓝天、白云等自然景观皆映进建筑物的外表面。

(一) 概论

幕墙已成为现代建筑的象征,它经过了一个多世纪的漫长发展,到20世纪50年代初,它的潜在优点,才逐渐被人们所认识和接受。

多少年来,建筑物的外墙都采用砖石结构,通过窗户来提供光线和通风。随着社会的发展,人们不断寻求向空间发展的高层建筑,而发现砖石墙结构要承受楼层和屋顶等各种负荷,正常情况只能达到16层左右。随着框架结构的出现,使建筑业发生了惊人的变化,不仅框架可以预制,成为工厂化生产,加快了施工进度,缩短了建设周期,也解决了房屋建筑高度障碍,这就为改变墙的概念,提供了客观条件。有了框架结构后,墙壁不再是用以承担支撑作用,而几乎只是包围一个空间的屏蔽幕帘,只要能挡风、遮雨、隔热和采光就可。因此，采用铝（钢）型材和玻璃及隔热材料来制造就可满足要求，于是就产生了这个新概念——幕墙。

我国的幕墙生产，是从1984年开始问世，打开了我国铝窗行业的新局面。目前我国不但掌握了大型高层幕墙技术，而且也掌握了节能幕墙、通风幕墙和光电幕墙等先进技术，仅用十几年的时间走完了别人一个多世纪的路程。然而，要看到我们发展中的问题，虽然发展很快，但是，我们的基础工作及对一些基本理论的理解和研究，还远远跟不上形势发展的要求，往往一种结构模式出现后，一轰而上，市面上一些粗制滥造的产品还不少。为了扭转这种局面，使我国幕墙技术继续向前发展，制订出正式国家产品技术标准，重视科技作用，加强研究和学习交流，是进一步提高行业质量和技术水平的关键环节。

（二）幕墙技术的发展进程

1. 幕墙技术的发展简史

采用铝合金幕墙已是现代建筑的一种象征，世界各地无论是大型建筑还是小型建筑都已广泛采用。二次大战后，铝合金幕墙才开始迅速发展。为什么铝合金幕墙能在这样短的时间内，在建筑上发挥如此重要的作用呢？了解一下墙壁结构方式上发生的戏剧性变化，对所取得的成绩，是会有所帮助的。

大约在1830年，美国一个木工在宾夕法尼亚州的波特斯维尔城建起一座银行，在银行的二层正面使用了铸铁板，并刷上油漆铺上砂子，就像石头一样，这是开始冲破砖砌结构墙的一次实践。1851年建设的展览馆，占地18亩，仅用4个月时间就建成了。而在当时建造一座大小相同的普通建筑物，则需几年的时间。取得这样显著成绩的原因，就是因为采用了金属、玻璃预制件施工方法，即用透明材料封闭空间，使其内部充满阳光。但这一新方法并未得到公认，又经过了近半个世纪以后，美国建筑师沙利文再次使用金属及玻璃制作墙体，才被人们所认识。

1885年美国工程师威廉·珍妮，提出采用钢结构骨架解决高层建筑问题，用它来承受建筑物楼层和屋顶的重量，同时承受外墙的重量。这样使墙壁仅仅只承受其自身的重量。因而，墙壁可尽可能减薄，而不用重点考虑影响建筑物的高度问题。用这种方法建造了芝加哥家庭保险公司大楼。

由于受传统观念的束缚和建筑材料（如铝、大型玻璃板、弹性密封材料等）跟不上结构发展的要求，虽然钢架结构早已应用，而墙壁仍然是采用传统的砖作为墙壁材料，尽管这种砖墙只是一层薄壳。这样又经历了一个漫长的五十多年，到20世纪初，玻璃幕墙的潜在优势才被人们所认识。1917年哈里德玻璃幕墙在美国旧金山哈里德大厦首次应用。但由于材料的配套完全脱节和材料昂贵，又经过约半个世纪左右，到二次大战后，幕墙的应用才进入高潮。

2. 幕墙技术发展的几个突破点

从幕墙技术发展的一百多年历史看，总结起来是突破了几个关键环节而发展起来的。理论的形成经过反复实践形成理论后，才突破了砖墙承力的模式。19世纪中期资本主义的发展带动城市的发展，地皮价格飞涨，这样建筑物也就向高层发展，砖墙结构房屋高度已达到最大限度——16层，同时砖砌墙体已非常厚，如1891年建筑的摩德纳克大厦，靠人行道一侧砖墙的厚度就可达2m。美国工程师威廉·珍妮，提出采用钢架结构解决高层建筑，使建筑业发生一次大革命，这样墙壁就可用很薄一层砖墙了。经过了一段较长的过程后，人们又发现了采用钢架结构后，墙的功能已经发生变化，它只是包围空间的屏障。因而提出了采用钢架结构后外墙作用的新概念，即它只起到一个过滤器的作用，如图1-1所示，有选择地阻止或控制进入的、出去的或者两个方向的气流量等，这样不仅对人或物，而且对建筑物内部都产生影响。很显然，所用外墙不管是什么材料，必须经得住自然界破坏的影响。

（三）我国建筑幕墙的状况

我国铝窗行业起步时间较发达国家晚，但在党中央对外开放政策的指引下，在建设部、行业协会的具体指导下，走引进、消

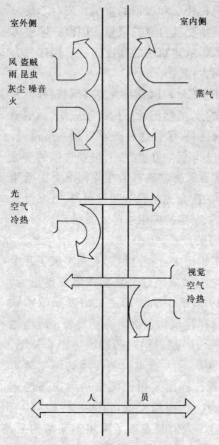

室外侧　　　　　　　　　室内侧

风　盗贼
雨　昆虫
灰尘　噪音
火

蒸气

光
空气
冷热

视觉
空气
冷热

人　员

图 1-1　作为一个过滤器的墙

化、吸收、创新的道路，使我们能在别人的基础上前进，从 20 世纪 70 年代末开始，在短短的十五年时间里，从无到有，从仿制到改进改型，进而自行设计，从中、低级水平发展到高、中、低档品种初步配套局面，从只能生产一些低层的初级产品，发展到能承包高、中、低层的各类门窗、幕墙工程，在一些重点工程中，代替了进口产品，取得了明显的社会效益。

在产品系列上有明框幕墙、隐框幕墙、单元式幕墙、点式幕墙、雨篷等各种形式的产品。

幕墙产品，将会向以下几个方面发展：

（1）产品标准化、系列化。

目前我国厂家生产的产品，有很多一部分还是仿造国外的，有些东西还不一定适合我国国情，有待进一步形成我国的标准系列产品，如有用于高层的，也有用于低层的，有用于豪华场所的，也有用于一般的地方的。从窗的性能等级上还存在空白点，有了标准的系列产品，则万变不离其宗，就能适应建筑要求的各种变化情况。

（2）多品种配套。

由于建筑地区不同，东、西、南、北要求各异，因此对每个系列中，又要求有不同的品种，如隔热要求、隔音要求、高气密性要求、高水密性要求、防盗防火要求以及开启不同的要求等等。

(3) 从建筑艺术效果上，向纵深发展。

1) 从外观上发展异型幕墙，如圆弧幕墙等。

2) 从型材表面处理上，发展多色彩、亚光、木纹等表面处理技术；采用电脉涂漆、静电粉末喷涂、喷涂聚氟碳脂等处理，以满足建筑艺术的各种颜色和使用寿命要求。

3) 从结构处理上，发展高科技幕墙，如通风幕墙、太阳能幕墙、节能幕墙、光电幕墙等。

4) 从材料上，随着建筑艺术、使用要求和材料技术的不断发展，大量新型材料会不断被使用到幕墙产品上。

5) 从玻璃选择上，根据各种幕墙的不同要求，开发各种新型建筑玻璃，如大力发展 LOW-E 玻璃、安全玻璃、中空玻璃等。

6) 从附件外观与结构及加工质量上看，与当前幕墙行业的发展极不适应，也应当形成与幕墙产品系列相适应的产品。

(4) 设计和加工更加合理。

设计和加工一般朝着与土建配合协调，尽量在工厂内组装，以缩短工地现场上墙安装周期方向努力。用冲切代替铣切，用机械化生产代替手工单件加工，从幕墙来说，元件式幕墙尽量在工厂内将附件安装好。在质量上应认真推行全面质量管理。

(5) 技术装备更加先进。

幕墙市场的扩大，急需解决先进技术装备和管理配套的问题，提高幕墙产品的自动化生产水平，使工作效率不断提高。

我国幕墙行业已经走过了近二十年的开创发展时期，可以预计今后将会有一个更新的发展局面。

二、建筑幕墙的定义和分类

(一) 幕墙的定义

幕墙是一种悬挂于建筑物主体结构框架外侧的外墙围护构件。这类墙体既要求轻质，又要满足自身强度、保温、防水、防风砂、防火、隔声、隔热等诸多要求。

当前用于幕墙的材料有各种玻璃、金属板、天然石材板、人造板、复合材料板以及其他新型材料。幕墙与主体结构的连接多采用螺栓连接，即用螺栓通过角钢，把幕墙悬吊挂于主体结构外侧，形成悬吊挂墙，即幕墙。

（二）幕墙的特点

幕墙之所以能在很短的时间内在建筑的各个领域内得到广泛地应用和推广，是因为它有其他材料无法比拟的独特功能和特点：

（1）艺术效果好。幕墙所产生的艺术效果是其他材料不可比拟的。它打破了传统的窗与墙的界限，巧妙地将它们融为一体。它使建筑物从不同角度呈现出不同的色调，随阳光、月光、灯光和周围景物的变化给人以动态的美。这种独特光亮的艺术效果与周围环境有机融合，避免了高大建筑的压抑感，并能改变室内外环境，使内外景色融为一体。

（2）重量轻。玻璃幕墙相对其他墙体来说重量轻。相同面积的情况下，玻璃幕墙的重量约为砖墙粉刷的 $1/10 \sim 1/12$，是干挂大理石、花岗石幕墙重量的 $1/5$，是混凝土挂板的 $1/5 \sim 1/7$。由于建筑物内外墙的重量为建筑物总量的 $1/4 \sim 1/5$，使用玻璃幕墙能大大减轻建筑物质量，显著减少地震对建筑的影响。

（3）安装速度快。由于幕墙主要由型材和各种板材组成，用材规格标准可工业化，施工简单，无湿作业，操作工序少，因而施工速度快。

（4）更新维修方便。可改造性强，易于更换。由于它的材料单一、质轻、安装简单，因此幕墙常年使用损坏后改换新立面非常方便快捷，维修也简单。

（5）温度应力小。玻璃、金属、石材等以柔性材料与框体连接，减少了由温度变化对结构产生的温度应力，并且能减轻地震力造成的损害。

（三）幕墙的类型

在我国，常见的幕墙有玻璃幕墙、金属板幕墙、石材板幕墙、组合幕墙等几种类型。

1．玻璃幕墙

玻璃幕墙装饰于建筑物的外表，如同罩在建筑物外的一层薄薄的帐幕，可以说是传统的玻璃窗被无限扩大，以至形成整个外壳的结果。以原来采光、保温、防风雨等较为单纯的功能，发展为多功能的装饰品。其主要部分的构造可分为两方面，一是饰面的玻璃，二是固定玻璃的骨架。只有将玻璃与内架连结，才能将玻璃的自身荷载及墙体所受到的风荷载及其他荷载传递给主体结构，使之与主体结构成为一体。

玻璃幕墙分有框玻璃幕墙和无框全玻璃幕墙。有框玻璃幕墙又分型钢框玻璃幕墙和铝合金框玻璃幕墙，又可分为明框、半隐框（横隐竖明和竖隐横明）和全隐框玻璃幕墙。无框全玻璃幕墙又分为座底式全玻璃幕墙、吊挂式全玻璃幕墙和点式幕墙。

2．金属板幕墙

在我国，目前大型建筑外墙装饰多采用玻璃幕墙、干挂石板及金属板幕墙，且常为其中两种或三种组合形式共同完成装饰及维护功能。其中金属板幕墙与玻璃幕墙从设计原理、安装方式等方面很相似。大体可分为明框幕墙、隐框幕墙及半隐框幕墙（竖隐横明或横隐竖明）。从结构体系划分为型钢骨架体系、铝合金型材骨架体系及无骨架金属板幕墙体系等。

3．石材板幕墙

石材板幕墙是一种独立的围护结构体系，它是利用金属构件将石材饰面板悬挂在主体结构上。当主体结构为框架结构时，应先将专门设计的独立金属架体系悬挂在主体结构上，然后通过金属挂件将石材饰面板吊挂在金属骨架上。

三、幕墙工的基本职能

幕墙工的基本职能主要分为两大块：加工职能和安装职能。

加工：主要指在工厂或车间进行的幕墙构件（元件）的加工。

安装：主要指在施工现场进行的幕墙构件（元件）的安装。

加工职能主要包括：

1. 了解幕墙常用材料的牌号和性能；

2. 了解常用加工设备和机具的操作性能；

3. 掌握型材、面板的下料与加工；

4. 掌握幕墙构件（元件）的组装；

5. 掌握打结构胶和密封胶的操作；

6. 掌握材料、半成品及成品的包装、运输和存放；

7. 基本掌握加工工艺和质量验收要求；

8. 了解本工种的安全技术操作规程、施工规范、质量及相关技术标准；

9. 了解本工种的岗位职责及各项规章制度。

安装职能主要包括：

1. 了解幕墙安装施工的必备条件；

2. 了解常用安装施工设备和机具的操作性能；

3. 掌握幕墙测量放线操作；

4. 掌握预埋件的安装和防锈；

5. 掌握连接件的安装和防锈；

6. 掌握立柱、横梁和板块的安装；

7. 掌握开启扇和门窗的安装；

8. 掌握打密封胶的操作；

9. 掌握幕墙的清洗操作；

10. 基本掌握安装施工工艺和质量验收要求；

11. 了解现场施工的安全技术操作规程和各项规章制度。

第二节 建筑物的基本知识

一、建筑物的分类

供人们生活、学习、工作、居住以及从事生产和各种文化活动的房屋称为建筑物。其他如水池、水塔、支架、烟囱等间接为人们提供服务的设施称为构筑物。

建筑物的分类方法很多，大体可以从使用性质、结构类型、建筑层数（高度）、承重方式及建筑工程等级等几方面来进行区分。

（一）从使用性质分类

建筑物按使用性质可分为三大类：

1.民用建筑

它包括居住建筑（住宅、宿舍等）和公共建筑（办公楼、影剧院、医院、体育馆、商场等）两大部分。

2.工业建筑

它包括生产车间、仓库和各种动力用房等。

3.农业建筑

它包括饲养、种植等生产用房和机械、种子等贮存用房。由于农业建筑的构造方法和工业建筑、民用建筑相似，故不再另行介绍。

民用建筑物除按使用性质不同进行分类以外，还可以按使用特点进行分类：

1.大量性民用建筑

其中包括一般的居住建筑和公用建筑。如住宅、托儿所、幼儿园及中小学教学楼等。其特点是与人们日常生活有直接关系，而且建筑量大、类型多，一般均采用标准设计。

2.大型性公共建筑

这类建筑多建造于大中城市，是比较重要的公共建筑。如大型车站、机场、候机楼、会堂、纪念馆、大型办公楼等。这类建筑使用要求比较复杂，建筑艺术要求也较高。因此，这类建筑大都进行个别设计。

（二）从结构类型分类

结构类型指的是房屋承重构件的结构类型，它多依据选材的不同而不同。可分为如下几种类型。

1.砖木结构

这类房屋的重要承重构件用砖、木做成。其中竖向承重构件的墙体、柱子采用砖砌，水平承重构件的楼板、屋架采用木材。这类房屋的层数较低，一般约在3层以下。

2.砌体结构

这类房屋的竖向构件采用各种类型的砌体材料制作（如粘土实心砖、粘土多孔砖、混凝土空心小砌块等）的墙体和柱子，水平承重构件采用钢筋混凝土楼板、屋盖板，其中也包括少量的屋顶采用木屋架。这类房屋的建筑层数也随材料的不同而改变，其中粘土实心砖墙体在八度抗震设防地区的允许建造层数为6层，允许建造高度为18m；钢筋混凝土空心小砌块，在八度抗震设防地区的允许建造层数为6层，允许建造高度为18m。

3.钢筋混凝土结构

这种结构一般采用钢筋混凝土柱、梁、板制作的骨架或钢筋混凝土制作的板墙作承重构件，而墙体等围护构件，一般采用轻质材料做成。这类房屋可以建多层（6层及以下）或高层（10层及以上）的住宅或高度在24m以上的其他建筑。

4.钢结构

主要承重构件均用钢材制成，在高层民用建筑和跨度大的工业建筑中采用较多。

（三）从施工方法分类

通常，施工方法可分为4种形式：

1.装配式

把房屋的主要承重构件，如墙体、楼板、楼梯、屋盖板均在加工厂制成预制构件，在施工现场进行吊装、焊接、处理节点。这类房屋以大板、砌块、框架、盒子结构为代表。

2.现浇（现砌）式

这类房屋的主要承重构件均在施工现场用手工或机械浇筑和砌筑而成。它以滑升模块为代表。

3.部分现浇、部分装配式

这类房屋的施工特点是内墙采用现场浇筑，而外墙及楼板、楼梯均采用预制构件。它是一种混合施工的方法，以大模板建筑为代表。

4. 部分现砌、部分装配式

这类房屋的施工特点是墙体采用现场砌筑，而楼板、楼梯、屋盖板均采用预制构件，这是一种既有现砌，又有预制的施工方法。它以砌体结构为代表。

（四）从建筑层数（高度）分类

建筑层数是指房屋的实际层数（但层高在 2.2m 及以上的设备层、结构转换层和超高层建筑的安全避难层不计入建筑层数内）。建筑高度是室外地坪至房屋檐口部分的垂直距离。多层建筑对住宅而言是指建筑层数在 9 层及 9 层以下的建筑；对公共建筑而言是指高度在 24m 及 24m 以上的建筑。

《民用建筑设计通则》（JGJ37—87）中规定，1~3 层的住宅为低层；4~6 层的为多层；7~9 层的为中高层；10 层及 10 层以上的为高层。当建筑总高度超过 100m 时，不论其是住宅还是公共建筑均为超高层建筑。

联合国经济事务部在 1974 年针对当时世界高层建筑的发展情况，把高层建筑划分为四种类型，它们是：

1. 高层建筑

层数为 9~16 层，建筑总高度不超过 50m；

2. 中高层建筑

层数为 17~25 层，建筑总高度不超过 75m；

3. 高高层建筑

层数为 26~40 层，建筑总高度不超过 100m；

4. 超高层建筑

层数在 40 层以上，建筑总高度在 100m 以上。

（五）从承重方式分类

通常，结构的承重方式可有 4 种形式：

1. 墙承重式

用墙体支承楼板及屋顶板传来的荷载，如砌体结构。

2．骨架承重式

用柱、梁、板组成的骨架承重，墙体只起围护和分隔作用，如框架结构。

3．内骨架承重式

内部采用柱、梁、板承重，外部采用砖墙承重，称为框混结构。这种做法大多是为了在底层获取较大空间，如底层带商店的住宅。

4．空间结构

采用空间网架、悬索、各种类型的壳体承受荷载，称为空间结构，如体育馆、展览馆等的屋顶。

（六）从工程等级分类

建筑物的工程等级以其复杂程度为依据，共分六级，具体方法详见表1-1。

建筑物的工程等级　　　　　　　表 1-1

工程等级	工程主要特征	工程范围举例
特　级	（1）列为国家重点项目或以国际性活动为主的特高级大型公共建筑 （2）有全国性历史意义或技术要求特别复杂的中小型公共建筑 （3）30层以上的建筑 （4）高大空间，有声、光等特殊要求的建筑物	国宾馆、国家大会堂、国际会议中心、国际体育中心、国际贸易中心、国际大型航空港、国际综合俱乐部、重要历史纪念建筑、国家级图书馆、博物馆、美术馆、剧院、音乐厅、三级以上人防
一　级	（1）高级大型公共建筑 （2）有地区性历史意义或技术要求复杂的中、小型公共建筑 （3）16层以上29层以下或超过50m高的公共建筑	高级宾馆、旅游宾馆、高级招待所、别墅、省级展览馆、博物馆、图书馆、科学试验研究楼（包括高等院校）、高级会堂、高级俱乐部、大于300床位的医院、疗养院、医疗技术楼、大型门诊楼、大中型体育馆、室内游泳馆、室内滑冰馆、大城市的火车站、航运站、候机楼、摄影棚、邮电通讯楼、综合商业大楼、高级餐厅、四级人防、五级平战结合人防等

工程等级	工程主要特征	工程范围举例
二　级	(1) 中高级、大中型公共建筑 (2) 技术要求较高的中小型建筑 (3) 16 层以上 29 层以下的住宅	大专院校的教学楼、档案楼、礼堂、电影院、部、省级机关办公楼、300 床位以下（不含 300 床位）的医院、疗养院、地、市级图书馆、文化馆、少年宫、俱乐部、排演厅、报告厅、风雨操场、大中城市的汽车客运站、中等城市的火车站、邮电局、多层综合商场、风味餐厅、高级小住宅等
三　级	(1) 中级、中型公共建筑 (2) 7 层以上（含七层）15 层以下有电梯的住宅或框架结构的建筑	重点中学、中等专业学校、教学楼、试验楼、电教楼、社会旅馆、饭馆、招待所、浴室、邮电所、门诊所、百货楼、托儿所、幼儿园、综合服务楼、1 层或 2 层商场、多层食堂、小型车站等
四　级	(1) 一般中小型公共建筑 (2) 7 层以下无电梯的住宅、宿舍及砖混建筑	一般办公室、中小学教学楼、单层食堂、单层汽车库、消防车库、消防站、蔬菜门市部、粮站、杂货店、阅览室、理发室、水冲式公共厕所等
五　级	1 层或 2 层单功能、一般小跨度结构的建筑	1 层或 2 层单功能、一般小跨度结构的建筑

二、民用建筑的构造组成

一般民用建筑均由基础、墙体和柱、楼板、楼梯、屋顶及门窗、隔墙等组成，有些建筑还有阳台、雨篷等组成部分。图 1-2 为一民用建筑的立体图。

基础——是建筑物墙和柱下部的承重部分，它支撑建筑物的全部荷载，并将这些荷载传给基础下的地基。

墙体和柱——均是竖向承重构件，它支撑着屋顶、楼层，并

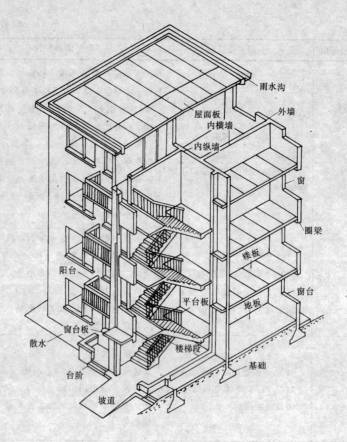

雨水沟
屋面板
外墙
内横墙
内纵墙
窗
圈梁
楼板
阳台
窗台
平台板
地板
窗台板
散水
楼梯段
台阶
基础
坡道

图 1-2　民用建筑立体图

将这些荷载及自重传给基础。同时，直接对外接触的墙体还起着抵御风雨的侵袭和隔声、隔热、保温的作用，而内墙则把建筑物的内部分成若干空间，起分隔和承重的作用。

楼板——把建筑物从水平方向分成若干层，它承受上部的荷载，并连同自重一起传给墙体或柱。

楼梯——是楼层间垂直交通工具，在高层建筑中除楼梯外还设有电梯。

屋顶——是建筑物顶部的承重结构，它承受着风雪荷载和人的重量；同时屋顶也是围护结构，它起着保温、防水、隔热的作用。

门——是人们进出房间的通道，窗则起着采光和通风的作用。

此外，还有台阶、散水、雨篷、阳台、烟囱、垃圾道、通风道等。

三、墙的知识

（一）墙体在建筑中的作用有以下四点：

1.承重作用

承受房屋的屋顶、楼层、人和设备的荷载以及墙体自重、风荷载、地震荷载等。

2.围护结构

抵御自然界风、雪、雨等的侵袭，防止太阳辐射和噪声的干扰等。

3.分隔作用

墙体可以把房间分隔成若干个小空间或小房间。

4.装饰作用

墙体还是建筑装修的重要部分，墙体装修对整个建筑物的装修效果作用很大。

墙体应满足以下几点设计要求：

（1）具有足够的强度和稳定性；

（2）满足热工方面（保温、隔热、防止产生凝结水）的性能；

（3）具有一定的隔声性能；

（4）具有一定的防火性能；

（5）合理选择墙体材料、减轻自重、降低造价；

（6）适应工业化的发展需要。

（二）墙体的分类

墙体的分类方法很多，大体有从材料方面、从墙体位置方面、从受力特点方面几种分类方法，下边分别介绍。

1.按材料分类

（1）砖墙

用作墙体的砖有普通粘土砖、粘土多孔砖、粘土空心砖、灰砂砖、焦碴砖等。粘土砖用粘土烧制而成，有红砖、青砖之分；灰砂砖用30％的石灰和70％的砂子压制而成；粘土多孔砖有圆孔和方孔之分，空隙率在30％左右；焦碴砖用高炉硬矿渣和石灰蒸养而成。砖块之间用砌筑砂浆粘结而成。

（2）加气混凝土砌块墙

加气混凝土是一种轻质材料，其成分是水泥、砂子、磨细矿渣、粉煤灰等，用铝粉作发泡剂，经蒸养而成。加气混凝土具有体积质量轻、可切割、隔声、保温性能好等特点。这种材料多用于非承重的隔墙及框架结构的填充墙。

（3）石材墙

石材是一种天然材料，石材墙主要用于山区和产石地区。它分为乱石墙、整石墙和包石墙等。

（4）板材墙

板材有钢筋混凝土板材，加气混凝土板材等，建筑幕墙属于板材墙。

2．按所在的位置分类

墙体按所在位置一般分为外墙及内墙两大部分，每部分又各有纵、横两个方向，这样共形成四种墙体，即纵向外墙、横向外墙（又称山墙）、纵向内墙、横向内墙。

当楼板支承在横向墙上时，称为横墙承重，这种做法多用于横墙较多的建筑中，如住宅、宿舍、办公楼等；

当楼板支承在纵向墙上时，称为纵墙承重，这种做法多用于纵墙较多的建筑中，如中小学校等；

当一部分楼板支承在纵向墙上，另一部分楼板支承在横向墙上时，称为混合承重，这种做法多用于中间有走廊或一侧有走廊的办公楼中。

图1-3表示了各种承重方式。

3．按受力特点分类

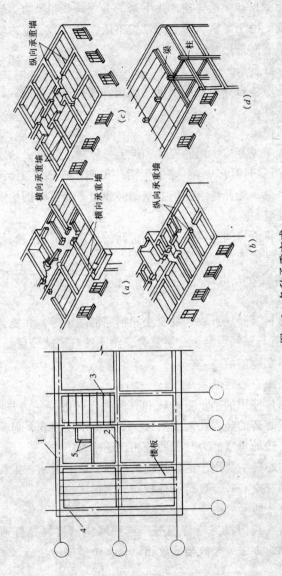

图 1-3　各种承重方式

1—纵向外墙；2—纵向内墙；3—横向内墙；4—横向外墙；5—隔墙

（1）承重墙

它承受屋顶和楼板等构件传下来的垂直荷载和风力、地震力等水平荷载。由于承重墙所处的位置不同，又分为承重内墙和承重外墙。墙下有条形基础。

（2）承自重墙

只承受墙体自身重量而不承受屋顶、楼板等垂直荷载。墙下亦有条形基础。

（3）围护墙

它起着防风、雪、雨的侵袭和保温、隔热、隔声、防水等作用。它对保证房间内具有良好的生活环境和工作条件关系很大。墙体重量由梁承受并传给柱子或基础。建筑幕墙属于围护墙。

（4）隔墙

它起着将大房间分隔为若干小房间的作用。隔墙应满足隔声的要求，这种墙不作基础。

4．按构造做法分类

（1）实心墙

单一材料（砖、石块、混凝土和钢筋混凝土等）和复合材料（钢筋混凝土与加气混凝土分层复合、粘土砖与焦碴分层复合等）砌筑的不留空隙的墙体。

（2）粘土空心砖墙

这种墙体使用的粘土空心砖和普通粘土砖的烧结方法一样。这种粘土空心砖的竖向孔洞虽然减少了砖的承压面积，但是砖的厚度增加，砖的承重能力与普通砖相比还略有增加。

粘土空心砖主要用于框架结构的外围护墙。近期在工程中广泛采用的陶粒空心砖，也是一种较好的围护墙材料。

（3）空斗墙

空斗墙在我国民间流传很久。这种墙体的材料是普通粘土砖，它的砌筑方法为竖放与平放相结合，砖竖放叫斗砖，平放叫眠砖。

1）无眠空斗墙。这种墙体均由立放的砖砌而成。同一皮上有斗有丁，丁砖作为横向拉接之用，墙身内的空气间层上下连通。这种墙体的稳定性较差。

2）有眠空斗墙。这种墙体既有立放的砖，又有水平放置的砖。砌筑时，隔一皮或几皮加一皮眠砖。这种墙体的拉接性能好。空斗墙在靠近勒脚、墙角、洞口和直接承受梁板压力的部位，都应该砌筑实心砖墙，以保证拉接。

空斗墙不宜在抗震设防地区使用。

（4）复合墙

这种墙体多用于居住建筑，也可用于托儿所、幼儿园、医疗等小型公共建筑。这种墙体的承重结构为粘土砖或钢筋混凝土，其内侧或外侧复合轻质保温板材。

四、楼板知识

（一）楼板的设计要求

楼板是房屋的水平承重结构，它的主要作用是承受人、家具等荷载，并把这些荷载和自重传给承重墙。楼板和地面应满足以下要求。

1．坚固要求

楼板和地面均应有足够的强度，能够承受自重和不同要求下的荷载；同时，要求具有一定的刚度，即在荷载作用下挠度变形不超过规定数值。

2．隔声要求

楼板的隔声包括隔绝空气传声和固体传声两个方面，楼板的隔声量一般应在 40～50dB。空气传声的隔绝可以采用将构件做成空心，并通过铺垫陶粒、焦碴等材料来达到。隔绝固体传声应通过减少对楼板的撞击来达到。在地面上铺设橡胶、地毯可以减少一些冲击量，达到满意的隔声效果。

3．经济要求

一般楼板和地面约占建筑物总造价的 20%～30%，选用楼板时应考虑就地取材和提高装配化程度。

4．热工和防火要求

一般楼板和地面应有一定的蓄热性，即地面应有舒适的使用感觉。防火要求应符合防火规范中耐火极限的规定。

（二）楼板的种类

按使用材料的不同，楼板主要有以下几种类型：

1. 钢筋混凝土楼板（图1-4）

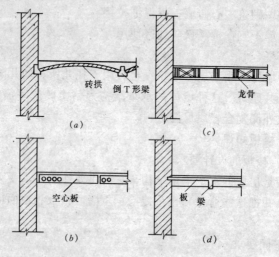

图1-4　楼板的类型

（a）砖拱楼板；（b）钢筋混凝土楼板；

（c）木楼板；（d）现浇钢筋混凝土楼板

钢筋混凝土楼板采用混凝土与钢筋共同制作。这种楼板坚固，耐久，刚度大，强度高，防火性能好，当前应用比较普遍。钢筋混凝土楼板按施工方法又可分为现浇钢筋混凝土楼板和装配式钢筋混凝土楼板两大类。

现浇钢筋混凝土楼板一般为实心板，经常与现浇梁一起浇筑，形成现浇梁板。现浇梁板常见的类型有肋形楼板、井字梁楼板和无梁楼板等。

装配式钢筋混凝土楼板，除极少数为实心板以外，绝大部分采用圆孔板和槽形板（分为正槽形与反槽形两种）。装配式钢筋混凝土楼板一般在板端都伸有钢筋，现场拼装后用混凝土灌缝，以加强整体性。

2. 砖拱楼板

这种楼板采用钢筋混凝土倒 T 形梁密排，其间填以普通粘土砖或特制的拱壳砖砌筑成拱形，故称为砖拱楼板。这种楼板虽比钢筋混凝土楼板节省钢筋和水泥，但是自重大，作地面时使用材料多，并且顶棚成弧拱形，一般应作吊顶棚，故造价偏高。此外，砖拱楼板的抗震性能较差，故在要求进行抗震设防的地区不宜采用。

3. 木楼板

木楼板由木梁和木地板组成。这种楼板的构造虽然简单，自重也较轻，但防火性能不好，不耐腐蚀，又由于木材昂贵，故一般工程应用较少，当前只应用于等级较高的建筑中。

五、门窗知识

(一) 概述

1. 门窗的作用

窗是建筑物的重要组成部分。窗的一般作用是采光和通风，对建筑的立面也起到很大的作用，同时，也是建筑物围护结构的一部分。

门也是建筑物的重要组成部分，是人们进出房间和室内外的通行口，也兼有通风和采光的作用。门的立面形式，在建筑装饰中也是一个重要的方面。

2. 门窗的材料

当前门窗的材料有木材、钢材、彩色钢板、铝合金、塑料、玻璃钢等多种。湿润房间更不宜用木门窗，也不采用胶合板或纤维板制作。钢门窗有实腹、空腹、钢木。塑料门窗有塑钢、塑铝、纯塑料等。

空腹钢门窗具有省料，刚度好等优点，但由于运输，安装产生的变形很难调直，会使门关闭不严。空腹钢门窗内壁应做防锈处理，在潮湿房间不应使用。实腹钢门窗的性能优于空腹钢门窗，但应用于潮湿房间时应采取防锈措施。空腹钢门窗在北京已被淘汰。

铝合金门窗具有关闭严密、质轻、耐水、美观、不锈蚀等优点。在涉外工程、重要建筑、美观要求、精密仪器室等建筑中经常使用。

塑料门窗具有质轻、刚度好、美观光洁、不需油漆、质感亲切等优点，最适合于严重潮湿房间和海洋气候地带使用以及室内玻璃隔断。为延长寿命，亦可在塑料型材中加入型钢和铝材，成为塑钢断面或铝塑断面。

（二）窗的分类

窗的分类很多，根据开启形式和使用材料的不同，可以分为以下几种：

1. 按开启形式分

（1）平开窗

这是使用最广泛的一种窗，既可内开，也可以外开。

A. 内开窗

玻璃扇开向室内。

这种做法是便于安装、修理、擦洗，在风雨侵蚀时不易损坏；缺点是纱窗在外，容易锈蚀，不易挂窗帘，并且占据室内部分空间。这种做法适用于墙体较厚或某些要求内开（如中小学）的建筑中。

B. 外开窗

玻璃窗扇开向室外。这种做法的优点是不占室内空间，但这种窗的安装、修理、擦洗都不方便，而且容易受风的袭击，易碰破。高层建筑中应尽量少用。

（2）推拉窗

这种做法的优点是不占用空间。一般分为左右推拉窗和上下推拉窗。左右推拉窗比较常见，构造简单；上下推拉窗是用重锤通过钢丝绳平衡的，构造较复杂。

（3）旋转窗

这种窗的优点是窗扇沿水平轴旋转开启。根据旋转轴的安装位置，分为上旋窗、中旋窗、下旋窗，也可以沿垂直轴旋转而成为垂直旋转窗。

（4）固定窗

固定窗只供采光，不能通风。

（5）百叶窗

百叶窗是一种有斜木片、玻璃片、金属片等组成的通风窗，多用于有特殊要求的部位。

（6）上悬窗

上悬窗多为铝制窗，多用于幕墙结构上。

各种窗型详见图 1-5。

2. 按材料分

（1）木窗

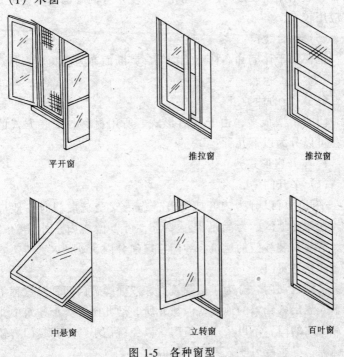

平开窗　　　　　推拉窗　　　　　推拉窗

中悬窗　　　　　立转窗　　　　　百叶窗

图 1-5　各种窗型

木窗由含水率在 18% 左右不易变形的木料制成，常用的有松木或与松木近似的木料。木料加工方便，过去使用比较普遍。

（2）钢窗

钢窗是用热轧特殊断面的型钢做成的窗。断面有实腹与空腹两种。钢窗耐久、坚固、防火、有利于采光、可以节省木材。其缺点是关闭不严，空隙大，现在已基本不使用，特别是空腹钢窗将逐步取消。

（3）钢筋混凝土窗

这种窗的窗框部分用混凝土做成的，窗扇部分则采用木材或钢材，制作比较麻烦。

（4）塑料窗

这种窗的窗框与窗扇部分均由硬质塑料构成，其断面为空腹型，一般采用挤压成型。抗老化、易变形等问题已基本解决，北方应用较多。

（5）铝合金窗

主要用于住宅和高档建筑物等。其断面亦为空腹型，外观美观。

（三）门的种类

门的类型很多，由于开启形式、所用材料、安装方式的不同，可以分为以下几种：

1. 按开启形式分

（1）平开门

平开门可以分为内开或外开，作为安全疏散门时一般应外开。在寒冷地区，为满足保温要求，可以做成内、外开的双层门。需要安装纱门的建筑，纱门与玻璃分内、外开。

（2）弹簧门

又称自动门，分为单面弹簧门和双面弹簧门两种。这种主要用于人流出入频繁的地方，但托儿所、幼儿园等类型建筑中儿童经常出入的门，不可采用弹簧门，以免碰伤小孩。弹簧门有较大的缝隙，冬季冷风吹入不利于保温。

（3）推拉门

这种门悬挂在门洞口上部的支承金属件上，然后左右推拉。其特点是不占室内空间，但封闭不严，在民用建筑中采用比较少。电梯门多用推拉门。

（4）转门

这种门成十字型，安装在圆形的门框上，人进出时推门缓慢行进。这种门的隔绝能力强、保温、卫生条件好，常用于大型公共建筑的主要出入口。

（5）卷帘门

常用作商店橱窗或商店入口外则的封闭门。

（6）折门

又称折叠门。门关闭时，几个门扇靠拢在一起，可以少占有效面积。

图 1-6 是几种门的外观图。

2. 按材料分

（1）木门

木门使用比较普遍，但重量较大，有时容易下沉。门扇的做法很多，如拼板木门、镶板门、胶合板门、半截玻璃门等。

（2）钢门

采用钢框和钢扇的门，用量较少。有时仅用于大型公共建筑和纪念性建筑中。但钢框木门目前已广泛应用在住宅建筑中。

（3）钢混凝土门

这种较多用于人防地下室的密闭门。缺点是自重大，必须妥善解决连接问题。

（4）铝合金门

这种门主要用在商业建筑和大型公共建筑的主要出入口，给人以轻松，舒适的感觉。

3. 满足特殊要求的门

这种门的种类很多，如用于通风、遮阳的百叶门，用于保

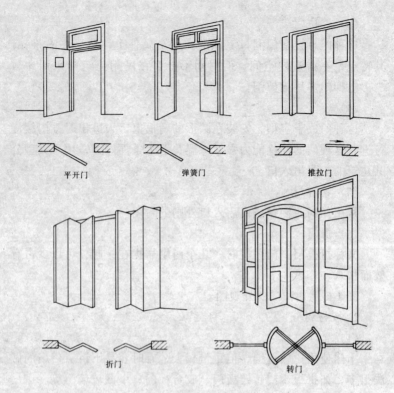

平开门　　　　　弹簧门　　　　　推拉门

折门　　　　　　　转门

图 1-6　门的外观图

温、隔热的保温门，用于隔声的隔声门以及防火、防爆门等多种。近年来，一些生产厂家研制了一种综合门，把防火、防盗、防尘、隔热集中一身，被称为"四防门"，体现了门正在向综合方向发展。

第三节　幕墙工安全知识

不同的行业大都存在着不同程度的危险性，每一个生产工人都要了解自己所在行业的危险部位，遵守有关的规章制度和操作规程，掌握基本的安全知识，使自己在工作过程中避免受到伤害和给他人造成伤害。

建筑施工行业是一个危险性较大的行业，建筑幕墙行业由于包括金属加工和施工安装两大块，其危险性就包含这两部分的内容，可以说危险性更大一些。对于加工这一部分来说主要是避免设备机器伤害事故和有害气体的伤害；对于现场施工大多为露天、高处作业，工作地点不固定，施工环境多变，作业条件比较差，易发生高处坠落、物体打击、机械伤害、触电等事故。为了更好的预防不安全事故的发生，要注意掌握以下几方面的安全知识：

　　1. 安全标志（图 1-7、图 1-8）

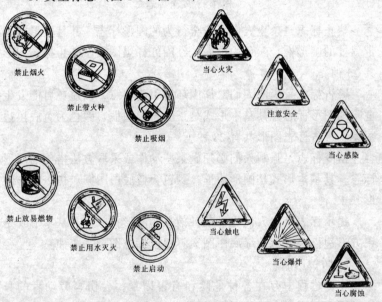

禁止烟火

禁止带火种

禁止吸烟

当心火灾

注意安全

当心感染

禁止放易燃物

禁止用水灭火

禁止启动

当心触电

当心爆炸

当心腐蚀

图 1-7　安全标志

　　安全标志是由安全色（安全色是用以表达禁止、警告、指令、指示等安全信息含义的颜色，具体规定为红、蓝、黄、绿四种颜色。其对比色是黑白两种颜色）、几何图形和图形符号所构成，用于表达特定的安全信息。这些标志分为禁止标志、警告标志、指令标志和提示标志四大类。

必须戴防护眼镜

必须戴护耳器

紧急出口

必须带防毒面具

必须系安全带

可动火区

避险处

图 1-8　安全标志

禁止标志是禁止人们不安全行为的图形标志。其基本形式为带斜杠的圆形框，颜色为白底、红圈红杆黑图案。禁止标志图形共 23 种。

警告标志是提醒人们对周围环境引起注意，以避免可能发生危险的图形标志。其基本形式是正三角形边框，颜色为黄底黑边图案。警告标志图形共有 28 种。

指令标志是强制人们必须做某些动作或采取方法措施的图形标志，其基本形式是圆形边框，颜色为蓝底白图案。指令标志图形共 12 种。

提示标志是向人们提示某种信息的图形符号。其基本形式是正方形边框，颜色为绿底白图案。提示标志图形共 3 种。

2. 防护用品

生产过程中存在各种危险和有害因素，会伤害劳动者的身体、损害健康，有时甚至致人死亡。实际工作中人们多采用劳动防护用品作为保护工人在生产过程中安全与健康的一种辅助措施。

劳动防护用品的种类很多，不同种类的防护用品，可以起到不同的防护作用：

（1）头部防护用品主要是安全帽，它能使冲击分散到尽可能大的表面，并使高空坠落物向外侧偏离；

（2）呼吸器官防护用品主要是防尘和防毒用的防尘口罩和防毒面具等；

（3）眼（面）防护用品主要是护目镜和面罩，如焊接用护目镜和面罩；

（4）听力防护用品主要是耳塞和耳罩；

（5）手和手臂防护用具主要是防护手套，如耐酸（碱）手套，焊工手套，橡胶耐油手套，防 X 射线手套等；

（6）足部防护用品主要是安全鞋，如胶面防砸安全靴、焊接防护鞋等；

（7）躯干防护用品主要是防护服，如灭火工作人员应穿阻燃工作服，从事酸（碱）作业的人员应该穿防酸（碱）工作服；

（8）高处坠落防护用品主要是安全带、安全绳、安全网。

需要佩戴防护用品的人员在使用防护前，应认真阅读产品使用说明书，确认其使用范围、有效期限等内容，熟悉其使用、维护和保养方法，一经发现防护用品有受损或超过有效期限等情况，绝不能冒险使用。

3. 作业环境

企业是生产过程中有可能会使用、生产或产生一些对劳动者健康有害的物质或不良因素。这是物质或因素的共同特点是会引起人体健康的损害或导致职业病。

职业危害因素主要有三大类：一大类是与生产过程有关的职业危害因素，如生产性毒物（铅、汞、苯、氯气、有机磷、农药等），生产性粉尘（沙尘，石棉尘、煤尘、水泥尘、面尘、金属粉尘），不良的工作条件（高气温、高湿度、热辐射、高气压、低气压），辐射（X射线、微波、激光、红外线、紫外线等），生产性噪音，振动，某些生物因素等；第二大类是与劳动过程有关的职业危害因素，如劳动时间过长或休息不合理，劳动强度过大，劳动安排不当，长时间处在某种不良体位或使用不合理工具，个别器官或系统过渡劳累或紧张等；第三大类是与作业场所的卫生条件不良或生产工艺及设备有缺陷有关的职业危害因素，如厂房狭小，车间布置不合理，通风、照明不良，防尘防毒防暑降温设备不全，其他安全防护用品不足等。

要预防职业危害因素对人体造成伤害或职业病，主要采取如下措施：

（1）企业从原料、工艺设备方面进行改进，降低职业危害因素的产生，减少劳动者与职业危害因素直接接触的机会是最根本的措施。

（2）对有毒有害物质和粉尘，最常用的方法是加强车间的通风、密闭、隔离等，使这些有毒有害物质在作业环境中的浓度降至规定的卫生标准；对于噪声，通常采取吸声、消声、隔声、隔振的方法使其强度符合国家要求；对于高温，通常采用隔热、通风、降温等措施。

（3）劳务工自己则应注意自觉穿戴好劳动防护用品，严格遵守安全操作规程，使有害因素不能危害自己。

4.逃生急救

虽然企业和劳动者都采取了一定的防护措施，但由于某种偶然原因，也可能导致事故（诸如火灾、触电、中毒、窒息、中暑等）的发生，因此，作为劳动者，要学会报警、学会逃生、学会使用救生器材、学会基本的救生知识。

（1）报警

在城市中发生各种危难，都可以通过报警电话获得相关部门有效和及时的救援。

"119"火警电话

报警时，拨通"119"后，要讲清着火的单位名称、街道门牌号码等详细地址、着火物质、火情大小以及报警人的姓名与电话号码。

"110"匪警电话

遭遇坏人袭击或发现有人盗窃时，利用一切机会及时拨打"110"电话，讲清自己的姓名，发生事故的地点及所使用的电话号码，然后将案情简要报告，包括犯罪分子的人数、面貌与衣着特征、作案手段、逃逸方向等，提供尽可能多的线索，并保护好作案现场。

"120"急救电话

无论在何时何地发生危重病人或意外事故，都可拨打"120"电话，请求急救中心（站）进行急救。通话中，要讲清病人的姓名、年龄、目前病情、详细地址、电话号码以及等待救护车的确切地点，最好讲清户外易识别的建筑物。意外灾害事故，还需说明灾害性质、受伤人数等情况。

"122"交通事故报告电话

发生交通事故后，除了应紧急抢救受伤人员和财产外，要保护现场，并迅速拨打"122"电话报警，讲清事故发生的时间、地点、主要情况和造成的后果。

（2）逃生

火灾的逃生

遇有火警发生时，应准确迅速的报警，并积极参与扑救初期火灾，防止火势蔓延。当火势难以控制时，就要镇定情绪，设法逃生。

当被烟火包围时，要用湿毛巾捂住口鼻，低姿势行走，或匍匐爬出现场。当逃生通道被烟火封住，可用湿棉被等披在身上弯腰冲过火场。当逃生通道被堵死时，可通过阳台排水管道等处逃生，或在固定的物体上栓绳子，顺绳子逃离火场。如果上述措施行不通，则应退回室内，关闭通往火区的门窗，并向门窗上浇水延缓火势蔓延，同时向窗外发出求救信号。

　　高层建筑着火时，应按照安全出口的指示标志，尽快地从安全通道和室外消防楼梯安全撤出，切勿盲目乱窜或奔向电梯。如果情况紧急，急欲逃生，可利用阳台之间的空隙、下水管或自救绳等滑行到没有起火的楼层或地面上，但千万不要跳楼。如果确实无力或没有条件用上述方法自救时，可以紧闭房门，减少烟气、火焰的侵入，躲在窗户下或阳台避烟，单元式住宅高楼也可沿通道至屋顶的楼梯进入楼顶，等待到达火场的消防人员解救。总之，在任何情况下，都不要放弃救生的希望。

　　人群慌乱时的逃生

　　进到公共场所和人群集中的地方，首先要弄清出口的具体位置，观察逃生通道是否畅通。

　　当出现火灾及其他危险时，就应从安全出口撤离。如现场慌乱秩序不能平息，找不到逃生的通道和出口，自己已经不由自主地被卷入杂乱地人流，甚至挤压践踏时，可以采取一些自我保护方法。

　　在慌乱人群中，应用双手抱头，两肘朝外，尽快松开衣扣，确保呼吸畅通和心脏不受挤压，用肩和背部承受外部地压力，注意避免使自己的身体靠在墙上或被挤到墙壁、栅栏旁边，要尽快走近通道；如果被挤压倒，人群从身上踩过，应双手抱着后脑勺，两肘支地，胸部稍离地面，以免窒息死亡。

（3）急救

触电伤害事故的急救

当发现有人触电后，应迅速展开急救工作，动作迅速、方法准确是关键。

首先要迅速切断电源。若电源开关距离较远，可用绝缘物体拉开触电者身上地电线，或用带绝缘柄的工具切断电线。切勿用金属材料或潮湿物体做救护工具，更不可接触触电者身体，以防自己触电。

必须注意，急救要尽快进行，不能等待医生，在送往医院途中也不能停止急救。

急性中毒的急救

当有人急性中毒时，应迅速现场组织急救，使患者立即脱离中毒现场，不让其继续接触毒物。随后将患者移到空气流通处，保持呼吸畅通，并迅速解开患者衣服、钮扣、腰带，同时注意保暖。对皮肤、衣服被污染者，应立即脱去污染衣服，用温水、清水洗净皮肤。严重者一定要抓紧时间送医院诊治。

若是因气体或蒸汽中含有毒物引起中毒，应迅速给中毒者吸氧，纠正机体缺氧，加速毒物排出。若是经口入胃中毒时，应迅速进行引吐、洗胃。常用的洗胃剂为 1：5000 高锰酸钾溶液，1% ~ 2%碳酸氢钠溶液。严重者一定要抓紧时间送医院诊治。

发现有人煤气中毒时，应用湿毛巾捂住口鼻，打开门窗，同时将中毒者移至空气新鲜处，使其呼吸道畅通。对中毒较重地病人，应立即进行人工呼吸和胸外挤压抢救，并立即送医院治疗。

中毒窒息事故的急救

进入地窖、井下等密闭场所作业时，往往会发生中毒、窒息事故。窒息是因为久不通风，二氧化碳浓度增加，以及腐败物质产生有毒气体，造成人体中毒缺氧。因此，人进入这些密闭场所以后，极易出现头晕、头痛、耳鸣、眼花、四肢无力，严重的可有恶心、呕吐、心慌气短、呼吸急促、嘴唇青紫、呼吸困难，从而导致中毒窒息。

发现密闭场所可能出现中毒窒息事故时，决不能盲目进去救人，以避免自己下去后同样出现窒息。在进入密闭场所之前，可以做一个简易的试验：用一只小鸟或其他小动物放入密闭场所几分钟，如果小动物死亡呈现窒息状态，说明密闭场所内严重缺氧或有毒气，此时应该先给密闭场所通风，待通风后再进入或戴上氧气呼吸器后进入。若现场周围缺乏通风设备或氧气呼吸器，应马上报警，等待救援，决不能冒险蛮干。当中毒窒息者救出密闭场所后，应立即将其抬放到通风良好的地方，解开衣服、裤带，纠正机体缺氧。呼吸停止者，应做人工呼吸；心跳停止者，应做胸壁外心脏按摩；严重者，要速送医院。

中暑病人的急救

中暑是人在高温的环境下，由于身体热量不能及时散发，体

温失调而引起的一种疾病。轻者会全身乏力、头晕、心慌；重者可能昏迷不醒。一旦发生中暑，应立即采取措施进行急救。

让患者躺在阴凉通风处，松开衣扣和腰带。能喝水时，应马上喝凉开（茶）水、淡盐水或糖水（或西瓜汁）等，也可给病人服用十滴水、仁丹、藿香正气片（水）等消暑药。同时用湿毛巾包敷病人的头部和胸部，不断给其扇风吹凉。患者高热、昏迷、呼吸困难时，应进行人工呼吸，并及时送医院治疗。

预防中暑的简单方法是：平时应有充足的睡眠和适当的营养；工作时，应穿浅色且透气性好的衣服，备好消暑解渴的清凉饮料和一些防暑的药物。

5. 用电安全

城市生活、企业生产经营都离不开电，电在人类的生产、生活中起到了举足轻重的作用。但电在造福人类的同时也带来了危险，若操作使用不当，会造成人身伤亡事故，因此，劳动者掌握一定的用电知识是十分必要的。

日常生活和生产中通常使用的是两种电压，一种是动力用电，其电压是380V；另一种是照明和家用电器用电，其电压为220V。我国标准规定，最高的安全电压为36V，超过36V电压更容易对人体造成电击或电伤，而且电压越高，危险就越大。

从事电器安装维修，国家规定必须经过专门的安全技术培训，考核合格取得操作证以后方能上岗。但是日常生活和生产中，电器设备和种类很多，劳务工接触电器设备的机会也较多，因此，在操作电器设备时，要注意如下操作规程：

（1）车间内的电器设备，不要随便乱动。自己使用的设备、工具如果电气部分出现了故障，应请电工修理，不得自己擅自修理，更不能带故障运行；

（2）自己经常接触和使用的配电箱、配电板、闸刀开关、按钮开关、插座、插销以及导线等，必须保持完好安全，不得有破损或带电部分裸露；

（3）在操作闸刀开关、磁力开关时，必须将盖盖好；

（4）移动某些非固定安装的电气设备，如电风扇、手持照明灯、电焊机等时，必须先切断电源再移动。导线要收拾好，不得在地面上拖来拖去，不要硬拉，防止导线被拉断；

（5）使用手电钻、电砂轮等手持电动工具时，要注意如下事项：①操作点是否安装了漏电保护器，工具的外壳是否进行了防护性接地或接零。②操作时应戴好绝缘手套，穿好绝缘鞋，站在绝缘板上。③不得将重物压在导线上，防止压断导线发生触电。④一般禁止使用临时线。必须使用时，应经过公司技安部门批准。临时线应按有关安全规定安装好，不得随便乱拉乱拽，还应按规定时间拆除。

（6）在雷雨下，不要走近高压电杆、铁塔、避雷针的接地导线周围 20m 之内，以免雷击时发生触电。

打扫卫生、擦拭设备时，严禁用水冲洗或用湿布擦拭电气设施，以防发生短路和触电事故。

6．机械操作

机械设备，能够改善劳动条件，减轻劳动强度，提高劳动生产率，但如果机械设备不符合安全要求或操作不当，就可能发生事故。

机械设备造成的伤害事故，一般有以下几种：①机械的齿轮、皮带轮、锯片等运动时造成的绞伤和物体打击伤；②冲、剪、压、切及木加工机械在加工过程中造成的剪切伤、压伤、挤伤；③刀具造成的切割伤及产生的切屑造成的烫伤、刺伤等；④被加工零件固定不牢，甩出机床造成的打伤；⑤工具使用不当造成的伤害。

要保证机械操作安全，首先是企业必须采取措施保证机械本身处于安全状态，作为员工，在操作机械时，操作者应注意：

（1）上岗前必须经过培训，掌握设备的操作要领后方可上岗；

你不知道不能用手握磨块修整砂轮吗？

（2）严格按照设备的安全操作规程进行操作；

（3）操作前要对机械设备进行安全检查，要确定正常后，方可投入使用；

（4）机械设备的安全防护装置必须按规定正确使用，不准不用或将其拆掉。危险机械设备是否具有安全防护装置，要看设备在正常工作状态下，是否能防止工作人员身体任何一部分进入危险区，或进入危险区时保证设备不能运转（运行）或者能作紧急制动；

（5）必须正确穿戴好个人防护用品。长发者必须戴工作帽，必须穿三紧（领口紧、袖口紧、下摆紧）工作服，不能佩戴项链等悬挂物，操作旋转机床不能戴手套；

切忌长期加班加点，疲劳作业。

7. 设备安全

企业从事正常的生产经营活动，都离不开锅炉压力容器、电梯、起重机、厂内机动车辆等危险性比较大的设备。这些设备若因本身存在不安全因素或者操作不当，都可能导致重大人身伤亡事故。根据国家规定，操作锅炉压力容器、电梯、起重机、厂内机动车辆的人员，必须经过政府部门组织的安全技术培训，考核合格取得操作证以后才能上岗；这些设备本身也要进行经常性的维修和保养，经有关部门检测检验取得合格证以后，才能运行。因此，对于没有取得上述设备操作证的人员，决不能操作这些设备；单位管理人员要求操作，劳务工有权拒绝。

8. 高处作业

从事生产和经营活动，经常会遇到高处作业的情况。高处作业是指在基准面 2m 以上（含 2m）有可能坠落的高处进行的作业。实际生活中，高处作业的例子较多，如建筑工地工人在脚手架、龙门架上的作业通常都是高处作业，还有建筑物的外墙清洗工作等，也是高处作业。

坠落高度越高，危险性就越大。若安全措施不落实或操作不当，极易发生高坠事故。高坠事故轻者造成重伤、致残，重者可

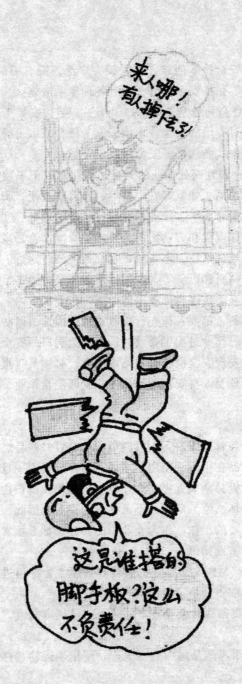

导致死亡。

高处作业的安全技术问题，范围较为广泛，既有一般要求，如设置安全标志，张挂安全网等，也有各种专项措施：

（1）对从事登高和悬空作业（如架子工、结构安装工等）的人员，一定要通过专门的安全技术培训，考核合格取得操作证后才能上岗；作业中，必须系好安全带或安全绳。

（2）对从事一般性高处作业的人员，要注意以下事项：①要穿戴好劳动防护用品，如戴好安全帽等，衣着要灵便，脚下要穿软底防滑鞋，不能穿拖鞋、硬底鞋和带钉易滑的靴鞋；②要严格遵守各项安全操作规程和劳动纪律，杜绝违章操作；③高处作业中所用的物料应堆放平稳，不可放置在临边或洞口附近。拆卸下来的物料、剩余材料和废料等都要加以清理和及时运走，不要任意放置或向下丢弃。传递物件时不能抛掷。作业场所内，凡有坠落可能的任何物料，都要一律先行拆除或加以固定，以防止跌落伤人；④作业前、作业过程中要及时检查临边洞口的安全设施是否安全有效，若发现安全设施有缺陷或隐患，必须及时报告并立即处理解决，对危及人身安全的隐患，应立即停止作业，决不能冒险作业。

9. 防火防爆

在企业生产经营过程中，不可避免的存在着一些易燃易爆危险物品，这些物品在生产、使用、运输、储存过程中一旦管理不善或使用不当，极易造成火灾、爆炸事故，造成人员伤亡、设备损坏、建筑物破坏，给工厂带来不可估量的损失，因此，防火防爆是一项十分重要的工作。作为企业中的一员，都必须掌握防火防爆的一些安全基础知识：

（1）从事生产易燃易爆作业的人员必须经主管部门进行消防安全培训、考试取得合格证后，方可上岗。

（2）要严格贯彻执行企业制定的防火防爆规章制度，禁止违章作业；

（3）严禁从事易燃易爆作业（生产、使用、运输、存储）时

或易燃易爆场所吸烟或乱扔烟头；

（4）使用、运输、储存易燃易爆物品时，一定要严格遵守安全操作规定；

（5）在工作现场动用明火，须报主管部门批准，并做好安全防范工作；

（6）不要将能产生静电火花的电子物品（传呼机、手机等）带入易燃易爆危险场所；

对于车间内装配的一般防火防爆器材，应学会使用，并不要随便挪用。

第二章 建筑识图

建筑工程图是"工程界的语言"，建筑物的外形轮廓、尺寸大小、结构构造、使用材料都是由图纸表达出来的，施工人员看不懂建筑工程图就无法施工。建筑工程图是审批建筑工程项目的依据；是备料和施工生产的依据；是质量检查验收的依据；也是编制工程概预算、决算及审核工程造价的依据。建筑工程图是具有法律效力的技术文件。

学习建筑装饰识图课的目的，就是通过学习了解制图的一般规定、图示原理、图示方法，使学员掌握识读建筑装饰工程图的能力。

识图课具有自己的特点，不同于一般以知识为主的课程，因此学员必须掌握识图课的学习方法。①下功夫培养空间想象能力，即从二维的平面图像想象出三维形体的形状。开始时应借助模型，加强图形对照的感性认识，逐步过渡到脱离实物，根据投影图想像出空间形体的形状和组合关系。学习时光看书不行，必须动手画，做好作业；②对于线型的名称和用途、比例和尺寸标注的规定、各种符号表示的内容等必须强记；③学习识读房屋建筑装饰图时应多到工地和实物对照。

第一节 建筑工程图分类

一、按投影法分

1. 正投影图（图 2-1c）

是用平行投影的正投影法绘制的多面投影图，这种图画法简便，显示性好，是绘制建筑工程图的主要图示方法。但是，这种图缺乏立体感，必须经培训才能看懂。

2．轴测图（图 2-1 b）

是用平行投影法绘制的单面投影图，这种图有立体感。图上平行于轴测轴的线段都可以测量。但轴测图绘制较难，一个轴测图仅能表达形体的一部分，因此常作为辅助图样，如画了物体的三面投影图后，侧面再画一个轴测图，帮助看懂三面投影图。轴侧图也常被用来绘制给排水系统图和各类书籍中的示意图。

3．透视图（图 2-1 a）

是用中心投影法绘制的单面投影图。这种图形同人的眼睛观察物体或摄影得的结果相似，形象逼真立体感强，能很好表达设计师的预想，常被用来绘制效果图，缺点是不能完整地表达形体，更不能标注尺寸。它和轴测图的区别是等长的平行线段有近长远短的变化。

图 2-1，以一幢由 2 个四棱柱体组成的楼房为例，用三种投影法，画出的投影图。

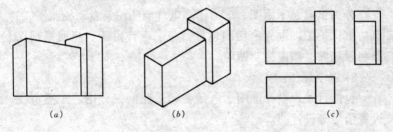

图 2-1　建筑工程常用的投影图
（a）透视图；（b）轴测图；（c）三面投影图

二、按工种和内容分类

1．总平面图

包括目录、设计说明、总平面布置图、竖向设计图、土方工程图、管道综合图、绿化布置图。

2．建筑施工图

包括目录、首页（含设计说明）、平面图、立面图、剖面图、详图。

3．装饰施工图（包括幕墙施工图）

包括目录、首页（含设计说明）、楼地面平面图、顶棚、平面图、室外立面图、室内立面图、剖面图、详图。幕墙施工图包括立面图、平面图、剖面图、节点图和零件图。

4．结构施工图

包括目录、首页、基础平面图、基础详图、结构布置图、钢筋混凝土构件详图、节点构造详图。

5．给水排水施工图

分为室内和室外两部分。包括目录、设计说明、平面图、系统图、局部设施图、详图。

6．采暖空调图

包括目录、设计说明、采暖平面图、通风除尘平面图、采暖管道系统图等。

7．电气施工图

分为供电总平面图、电力图、电气照明图、自动控制图、建筑防雷保护图。电气照明图包括目录、设计说明、照明平面图、照明系统图、照明控制图等。

8．弱电施工图

包括目录、设计说明、电话音频线路网设计图、广播电视、火警信号等设计图。

三、按使用范围分类

1．单体设计图

这是我们常见的一种图纸，它只适合一个建筑物、一个构件或节点，好比是量体裁衣。虽然针对性强，但设计量大，图纸多。

2．标准图

把各种常用的、大量性的房屋建筑及建筑配件，按国标统一模数设计成通用图，好比去服装店采购。如要建某种规模的医院，去标准设计院买套图纸就可用。不仅节约时间而且设计质量高。我们常见到的是各种节点和配件的图集，各省、市都有自己的图集。

四、按工程进展阶段分类

1. 初步设计阶段图纸

只有平、立、剖主要图纸，没有细部构造，用来做方案对比和申报工程项目之用。

2. 施工图

完整、系统的成套图纸，用来指导施工，计算材料、人工，质量检查、评审。

3. 竣工图

工程竣工后根据工程实际绘制的图纸，是房屋维修的重要参考资料。

第二节　建筑制图标准

一、图线

工程图是由线条构成的，各种线条均有明确的含义，详见表2-1，图线应用示例见图2-2。

图　　线　　　　　　　　　　　表 2-1

名称		线　型	线宽	一　般　用　途
实线	粗		b	主要可见轮廓线
	中		$0.5b$	可见轮廓线
	细		$0.25b$	可见轮廓线、图例线
虚线	粗		b	见各有关专业制图标准
	中		$0.5b$	不可见轮廓线
	细		$0.25b$	不可见轮廓线、图例线
单点长画线	粗		b	见各有关专业制图标准
	中		$0.5b$	见各有关专业制图标准
	细		$0.25b$	中心线、对称线等
折断线			$0.25b$	不需画全的断开界线
波浪线			$0.25b$	不需画全的断开界线 构造层次的断开界线

注：地平线的线宽可用 $1.4b$

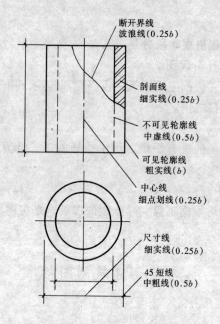

断开界线
波浪线(0.25b)

剖面线
细实线(0.25b)

不可见轮廓线
中虚线(0.5b)

可见轮廓线
粗实线(b)

中心线
细点划线(0.25b)

尺寸线
细实线(0.25b)

45 短线
中粗线(0.5b)

图 2-2　图线应用示例

二、比例

图样的比例，应为图形与实物相对应的线性尺寸之比。比例的大小，是指其比值的大小，如 1:50 大于 1:100。比值为 1 的比例叫原值比例，比值大于 1 的比例称之放大比例，比值小于 1 的比例为缩小比例，见表 2-2。比例的注写方法如图 2-3 所示。

绘图所用的比例　　　　　　　　　　　　　表 2-2

常用比例	1:1、1:2、1:5、1:10、1:20、1:50、1:100、1:150、1:200、1:500、1:1000、1:2000、1:5000、1:10000、1:20000、1:50000、1:100000、1:200000
可用比例	1:3、1:1、1:6、1:15、1:25、1:30、1:10、1:60、1:80、1:250、1:300、1:100、1:600

平面图　1:100　　　　　　　　1:20

图 2-3　比例的注写

50

三、尺寸标注

（1）图样上的尺寸，由尺寸界线、尺寸线、尺寸起止符号和尺寸数字组成（图2-4）。

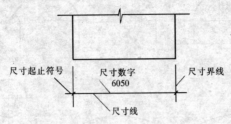

图 2-4　尺寸的组成

（2）图样上的尺寸单位，除标高及总平面以米为单位外，其他必须以毫米为单位。

（3）尺寸数字的注写方向和阅读方向规定为：当尺寸线为竖直时，尺寸数字注写在尺寸线的左侧，字头朝左。其他任何方向，尺寸数字也应保持向上，且注写在尺寸线的上方。如果在30°斜线区内注写时，容易引起误解，宜按图2-5的形式注写。

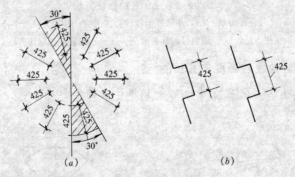

图 2-5　尺寸数字的注写方向

（4）半径、直径、球的尺寸标注

半径、直径的尺寸注法见图2-6。标注球的半径尺寸时，应在尺寸前加注符号"SR"。标注球的直径尺寸时，应在尺寸数字前加注符号"Sφ"。注写方法与圆弧半径和圆直径的尺寸标注方法相同。

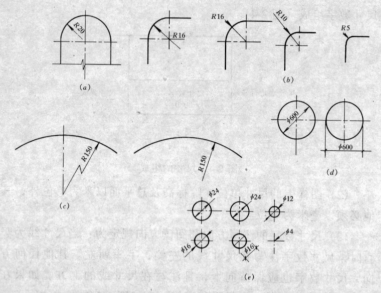

图 2-6　半径、直径标注方法

（a）半径标注方法；（b）小圆弧半径的标注方法；（c）大圆弧半径的标注方法；（d）圆直径的标注方法；（e）小圆直径的标注方法

（5）角度、弧度、弧长的标注

角度标注方法见图 2-7，弧长标注方法见图 2-8。

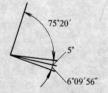

图 2-7　角度标注方法

图 2-8　弧长标注方法

（6）薄板厚度的尺寸标注

在薄板板面标注板厚尺寸时，应在厚度数字前加厚度符号"t"（图 2-9）。

(7) 正方形的尺寸标注

标注正方形的尺寸，可用"边长×边长"的形式，也可在边长数字前加正方形符号"□"（图2-10）。

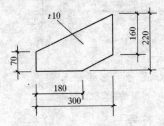

图 2-9　薄板厚度标注方法

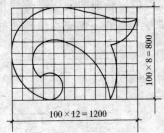

图 2-10　标注正方形尺寸

(8) 外形非圆曲线物体、复杂图形尺寸标注

外形为非圆尺寸的物体可用坐标形式标注尺寸（图2-11）；复杂的图形，可用网格形式标注尺寸（图2-12）。

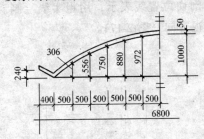

图 2-11　坐标法标注曲线尺寸　　图 2-12　网格法标注曲线尺寸

(9) 坡度的标注方法（图2-13）。

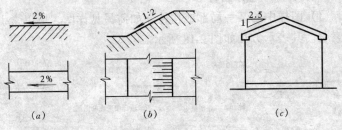

图 2-13　坡度标注方法

53

（10）标高（图 2-14、图 2-15）。

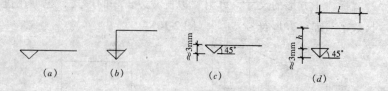

图 2-14　标高符号

l—取适当长度注写标高数字；h—根据需要取适当高度

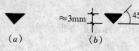

图 2-15　总平面图
室外地坪标高符号

四、符号

1. 剖切符号

（1）剖视的剖切符号由剖切位置线及投射方向线组成，均应以粗实线绘制（图 2-16）。

（2）断面的剖切符号只用剖切位置线表示，用粗实线绘制。编号所在的一侧应为该断面剖视方向（图 2-17）。

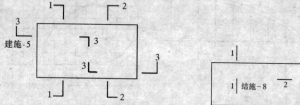

图 2-16　剖视的剖切符号

图 2-17　断面剖切符号

2. 索引符号与详图符号

（1）图样中的某一局部或构件，如需另见详图，应以索引符号索引。其表示方法如图 2-18 所示。

图 2-18　索引符号

（2）索引符号如用于索引剖面详图，应在被剖切的部位绘制剖切位置线，并以引出线引出索引符号，引出线所在的一侧应为投射方向（图2-19）。

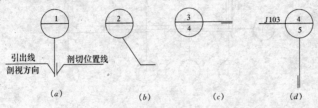

图 2-19　用于索引剖面详图的索引符号

（3）详图的位置和编号，应以详图符号表示（图2-20）。

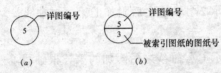

图 2-20　详图符号

（*a*）与被索引图样同在一张图纸内的详图符号；

（*b*）与被索引图样不在同一张图纸内的详图符号

3.其他符号（图2-21、图2-22、图2-23）

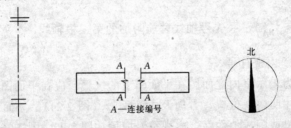

图 2-21　对称符号　　图 2-22　连接符号　　　2-23　指北针

4.定位轴线

平面图上的定位轴线编号，宜标注在图样的下方与左侧。横向编号应用阿拉伯数字，从左至右顺序编写，竖向编号应用大写拉丁字母，从下至上顺序编写（图2-24）。

55

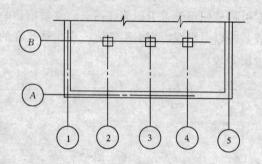

图 2-24 定位轴线的编号顺序

附加轴线的编号，应以分数表示：

$\frac{1}{2}$ 表示 2 号轴线之后附加的第一根轴线；

$\frac{3}{C}$ 表示 C 号轴线之后附加的第三根轴线。

1 号轴线或 A 号轴线之前的附加轴线的分母应以 01 或 0A 表示，如：

$\frac{1}{01}$ 表示 1 号轴线之前附加的第一根轴线；

$\frac{3}{0A}$ 表示 A 号轴线之前附加的第三根轴线。

5. 内视符号

为表示室内立面图在平面图上的位置，应在平面图上用内视符号注明内视位置、方向及立面编号（图 2-24）。立面编号用拉丁字母或阿拉伯数字。内视符号应用如图 2-25、图 2-26 所示。

五、图例

1. 常用建筑材料图例

（1）《房屋建筑制图统一标准》（GB/T 50001—2001）规定的图例（表 2-3）。

56

单面内视符号

双面内视符号

四面内视符号

图 2-25　内视符号

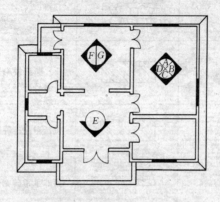

图 2-26　平面图上内视符号应用示例

常用建筑材料图例　　　　　　表 2-3

序号	名　称	图　例	备　注
1	自然土壤		包括各种自然土壤
2	夯实土壤		
3	砂、灰土		靠近轮廓线绘较密的点
4	砂砾石、碎砖三合土		

序号	名　称	图　例	备　注
5	石　材		
6	毛　石		
7	普通砖		包括实心砖、多孔砖、砌块等砌体。断面较窄不易绘出图例线时，可涂红
8	耐火砖		包括耐酸砖等砌体
9	空心砖		指非承重砖砌体
10	饰面砖		包括铺地砖、马赛克、陶瓷锦砖、人造大理石等
11	焦渣、矿渣		包括与水泥、石灰等混合而成的材料
12	混凝土		1.本图例指能承重的混凝土及钢筋混凝土 2.包括各种强度等级、骨料、添加剂的混凝土
13	钢筋混凝土		3.在剖面图上画出钢筋时，不画图例线 4.断面图形小，不易画出图例线时，可涂黑

58

序号	名 称	图 例	备 注
14	多孔材料		包括水泥珍珠岩、沥青珍珠岩、泡沫混凝土、非承重加气混凝土、软木、蛭石制品等
15	纤维材料	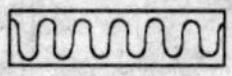	包括矿棉、岩棉、玻璃棉、麻丝、木丝板、纤维板等
16	泡沫塑料材 料	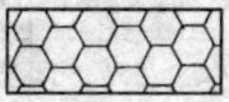	包括聚苯乙烯、聚乙烯、聚氨酯等多孔聚合物类材料
17	木 材	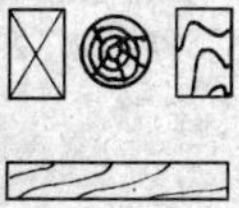	1.上图为横断面，上左图为垫木、木砖或木龙骨 2.下图为纵断面
18	胶合板	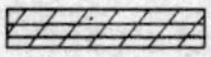	应注明为×层胶合板
19	石膏板	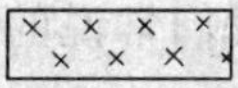	包括圆孔、方孔石膏板、防水石膏板等
20	金 属	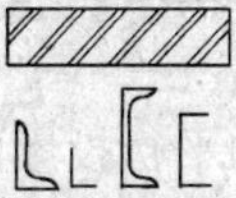	1.包括各种金属 2.图形小时，可涂黑
21	网状材料		1.包括金属、塑料网状材料 2.应注明具体材料名称
22	液 体	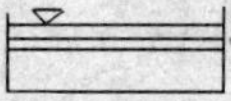	应注明具体液体名称
23	玻 璃		包括平板玻璃、磨砂玻璃、夹丝玻璃、钢化玻璃、中空玻璃、加层玻璃、镀膜玻璃等

序号	名　称	图　例	备　注
24	橡　胶		
25	塑　料		包括各种软、硬塑料及有机玻璃等
26	防水材料		构造层次多或比例大时，采用上面图例
27	粉　刷		本图例采用较稀的点

注：序号1 2、5、7、8、13、14、16、17、18、20、22、24、25图例中的斜线、短
　　斜线、交叉斜线等一律为45°。

第三节　投影知识

影子对我们来说是熟悉的，有物体、光源、投影面就有影子，想去掉都很难，这就是我们常说的"形影不离"。室外阳光下房屋、树木、电线杆在地面上会有影子，人站在室内在地面、墙面上也要有投影。工程制图正是研究和利用了投影的原理。

一、投影法的分类

投影法可分为中心投影和平行投影两类。平行投影又分为斜投影和正投影两类。

1. 中心投影

一块三角板放在灯下，在地面上形成的投影就是中心投影。其特点是三角板距灯越近影子越大，相反则小（图2-27a）。中心投影适用于绘制透视图。

2. 斜投影

一块三角板放在太阳底下，形成的影子就叫斜投影，因太阳距地面很远，因此光线是平行的，这块三角板距地面高低，对影

的大小不会有影响（图 2-27b）。斜投影适用于绘斜轴测投影图。

3. 正投影

一块三角板放在太阳底下，而这时太阳又正好在我们的头顶。这时产生的投影就是正投影。正投影是平行投影的特例，这时的光线是垂直于投影面的（图 2-27c）。建筑工程图基本上都是用正投影法绘制的。

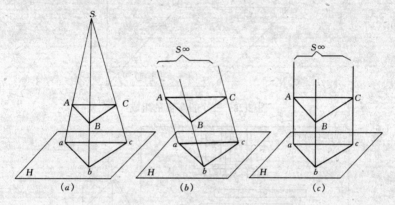

图 2-27　中心投影与平行投影

二、三面投影图

（1）三投影面的空间概念。

讲投影原理离不开三个投影面（水平投影面、正面投影面、侧面投影面）（图 2-28），因此必须树立这一空间概念，我们应该把图 2-28 看成立体的，也就是三个垂直相交的面组成的一个空间，可把它看成房屋的一个角落（图 2-29），地面是水平投影面，用 H 来代表；正面墙是正面投影面，用 V 来代表；侧面墙是侧投影面，用 W 来代表；墙角顶点称为原点，用 O 代表。地面和正面墙交线为 OX 轴，地面和侧面墙交线为 OY 轴，正面墙和侧面墙交线为 OZ 轴。我们也可把一个纸箱去掉 3 个面做成投影模型帮助理解。

（2）投影过程。

如图 2-31 所示，首先把形体（三角块如图 2-30 所示）置于

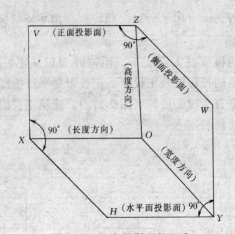

图 2-28　三个投影面的组成

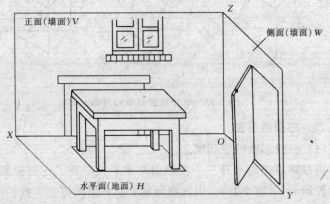

图 2-29　将房屋一角看成投影模型

H 之上、V 之前、W 之左的空间，同时把形体的主要表面与三个投影面对应平行，即形体前后面∥V 面、底面∥H 面、右面∥W 面，按箭头指示方向，将形体上各棱点棱面，分别向 H、V、W 面作正投影，并将三个投影面上的投影，按一定顺序各自连成图形，即得形体的三面投影图。在 H 面上图形称水平投影或 H 投影，在 V 面上图形称正面投影或 V 投影，在 W 面上图形称侧面投影或 W 投影。

（3）投影图的形成。

图 2-31 是形体三面投影的立体
图。这样图拿起来不方便，必须画到
一个平面中去。因此，须将图 2-31
中的空间形体（三角块）去掉，由形
体引出的投影线都抹去，只留三面投
影图，再将投影面展开。如图 2-32
所示、V 面固定不动，H 面绕 OX 轴

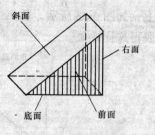

图 2-30　三角块立体图

向下旋转，W 面绕 OZ 轴向右旋转，直到都与 V 面同在一个平面

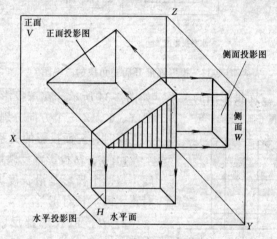

图 2-31　三角块的三视图

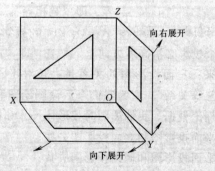

图 2-32　投影面将要展开

上，如图 2-33 所示。如用纸箱做投影模型，将 OY 轴剪开，就能取得这样效果。

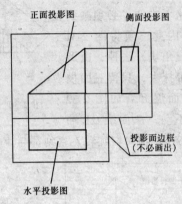

图 2-33 投影面展开后三角块的三视图

（4）三面投影图的关系。如图 2-34 所示，在三投影体系中，把 X、Y、Z 三个方向分别定为长、宽、高时，三面投影的关系是：

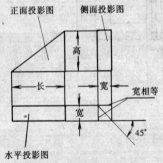

图 2-34 三角块的三视图

1）V、H 投影都反映形体的长度，这两个投影是沿长度方向左右对正，即"长对正"。

2）H、W 投影都反映形体的宽度，这两个投影的宽度一定相等，即"宽相等"。

3）V、W 投影都反映形体的高度，这两个投影必沿高度方向上下平齐，即"高平齐"。

归纳起来，三面投影图的关系是：长对正、宽相等、高平齐，称为"三等关系"，它为我们今后读图绘图和检查图形是否正确提供了理论根据。我们读图时找形体尺寸和视图关系如下：

长度到平面投影图和立面投影图去找；

宽度到平面投影图和侧面投影图去找；

高度到立面投影图和侧面投影图去找。

（5）六个方向。形体有左右、前后、上下六个方向（图 2-35）。六个方向与形体一齐投影到三个投影面上，所得投影如图 2-36 所示，识读投影图时，方向很重要，因为形体的投影图是离不开方向的。

以上我们所用的正投影法都是直接投影法，也叫第一角画法，但有时会遇到不便，我们如果画仰视图，结

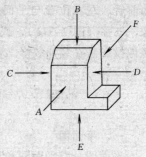

图 2-35　第一角画法

果会和平面图前后相反，看起来很不方便，这时可用镜像投影法绘制，镜像投影法是将投影面看做一面镜子（图 2-37 a），其图样

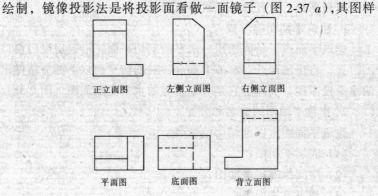

正立面图　　　左侧立面图　　　右侧立面图

平面图　　　底面图　　　背立面图

图 2-36　视图配置

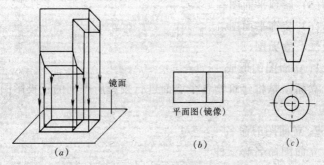

镜面

平面图（镜像）

（a）　　　　（b）　　　　（c）

图 2-37　镜像投影法

65

的前后、左右位置与平面图完全相同，但应在图名后注写"镜像"二字（图 2-37b），或按图 2-37c 画出镜像投影识别符号，镜像投影法在装饰装修工程绘顶棚图时常用。

第四节　建筑施工图基本知识

一、平面图

平面图分总平面图和建筑平面图。总平面图是说明建筑物所在地理位置和周围环境的平面图。在总平面图上标有建筑物的外形尺寸、坐标、±0.000 相当于绝对标高，建筑物周围地形地物、原有道路、原有建筑、地下管网等。

1. 建筑平面图的形成

建筑平面图，是假想用一水平的剖切平面，沿着房屋门窗口的位置，将房屋剖开，拿掉上部分，对剖切平面以下部分所做出的水平投影图，实际上它是一个房屋的水平全剖面图（图 2-38）。

2. 建筑平面图的命名和分类

建筑平面图常以剖切部位命名。

（1）底层平面图；

（2）中间标准层平面图；

（3）地下室平面图；

（4）设备层平面图；

（5）屋顶平面图；

（6）装饰平面图。

二、立面图

1. 立面图的形成

立面图是将建筑物各个墙面进行投影所得到的正投影图（图 2-39）。

2. 立面图的命名

立面图命名有三种

（1）按立面主次命名

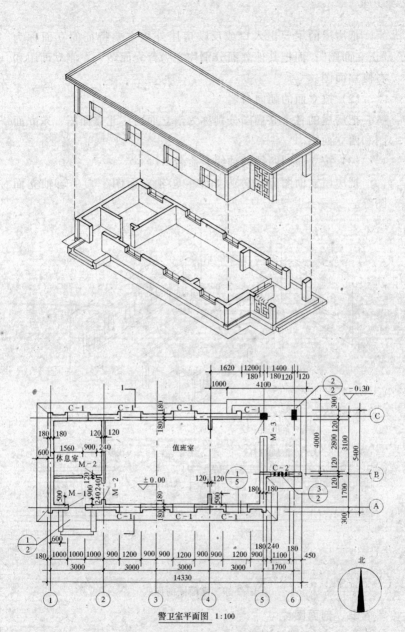

警卫室平面图 1:100

图 2-38 平面图的形成

67

把房屋的主要出入口或反映房屋外貌主要特征的立面称为"正立面图"，而把其他立面分别称之为背立面图、左侧立面图和右侧立面图。

（2）按立面的朝向命名

把房屋的各个立面图分别称为南立面图、北立面图、东立面图和西立面图。

（3）按立面图两端的轴线来命名

把房屋立面图分别称为如①～⑦轴立面图、Ⓔ～Ⓜ轴立面图等。

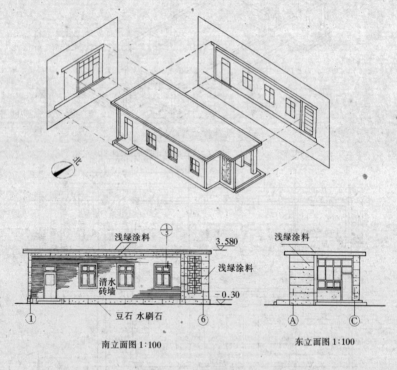

图 2-39　立面图的形式

三、剖面图

（一）剖面图的形成

68

剖面图是假想用一个垂直的平面将建筑物切开，移去前面部分，对后面一部分作正投影而得到的视图，如图 2-40 中的 1-1 剖面图所示。有时为了表现内容多一些采用两个平行剖面剖切，如图 2-40 中的 2-2 剖面图。

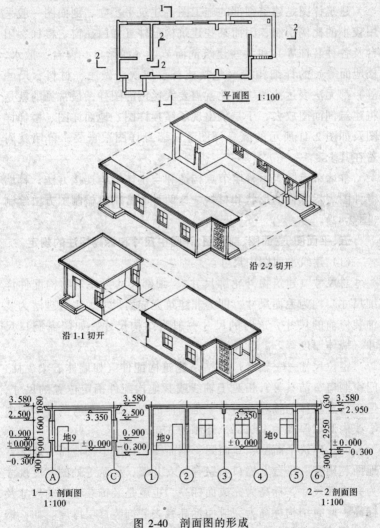

图 2-40　剖面图的形成

（二）剖面图的命名

剖面图的剖切位置一般标在平面图上，剖面图以剖切位置的编号命名，如 1-1 剖面图、2-2 剖面图。

四、详图

建筑详图是建筑细部的施工图。建筑平、立、剖面图一般采用较小的比例绘制，因而某些建筑构配件（如门、窗、楼梯、阳台及各种装饰等）和某些建筑剖面节点（如檐口、窗台、散水、楼地面等）的详细构造（包括式样、层次、做法、材料、尺寸等）都无法表达清楚。因此就需要大比例的图样，最常见的就是将建筑剖面图放大，于是就出现了屋顶详图、地面详图、楼梯详图及如图 2-41 所示的墙身详图等。墙身详图很重要，幕墙就附着在其上。

幕墙节点图表示幕墙节点构造和与主体结构连接方法；幕墙零件图表示零件的形状和材料。这两种图常用机械制图方法绘制（图 2-42）。

五、平面图、立面图、剖面图、详图中尺寸和标高标注的规定

（1）建筑平面图中尺寸。

总尺寸（建筑物外轮廓尺寸）、细部尺寸（建筑物构配件详细尺寸）均为毛面尺寸，即为非建筑完成面尺寸，也可理解为装饰装修前的尺寸，这时的尺寸一般为结构尺寸，如门窗洞口尺寸、墙体厚度等。

定位尺寸——轴线尺寸，是建筑构配件（如墙体、梁、柱、门窗洞口、洁具等）相对于轴线或其他构配件确定位置的尺寸，但应注意墙体的轴线有时并非是墙体的中心线，如有些外墙的中心线内侧墙厚度为 120mm，外侧为 370mm。

（2）建筑平面图、立面图、剖面图、详图中楼地面、地下室地面、阳台、平台、檐口、屋脊、女儿墙，台阶等处的高度尺寸为完成面尺寸，标高为完成面标高，也就是装饰装修完的尺寸及标高，此时结构标高为完成面标高减去装饰装修层厚度。如：钢筋混凝土楼板上有 4cm 厚的装饰装修层，如完成面标高为

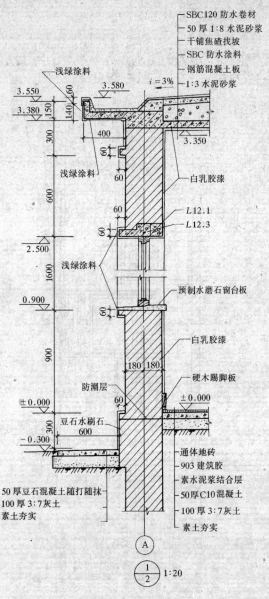

图 2-41 墙身剖面图

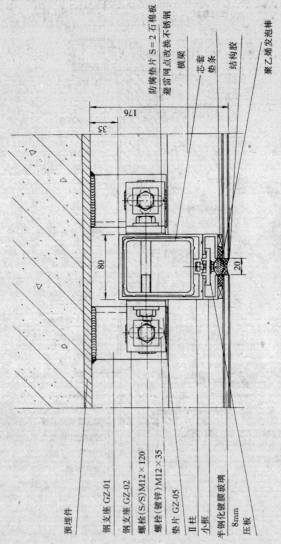

图 2-42　铝合金玻璃幕墙节点图

预埋件

钢支座 GZ-01

钢支座 GZ-02

螺栓(S/S)M12×120

螺栓(镀锌)M12×35

垫片 GZ-05

Ⅱ柱

小框

半钢化镀膜玻璃

8mm

压板

防腐垫片 S=2 石棉板

避雷网点改换不锈钢

横梁

芯套

垫条

结构胶

聚乙烯发泡棒

176

35

80

20

72

3.000m，结构标高则为 2.960m（图 2-43）。常将首层完成面标高定为 ±0.000，为相对标高起点。如第二层楼面完成面标高为 3.000m，那么首层的层高就为 3.000m。

建筑物其余部分，高度尺寸及标高注写毛面尺寸及标高，此时标高即为结构标高。如梁底、板底、门窗洞口标高。

六、识读图纸的方法

（一）识读图纸前的准备

房屋建筑图是用投影原理和各种图示方法综合应用绘制的。所以，识读房屋建筑图，必须具备一定的投影知识，掌握形体的各种图示方法和制图标准的有关规定；要熟记图中常用的图例、符号、线型、尺寸和比例；要具备房屋构造的有关知识。

（二）识读图纸的方法

识读图纸的方法归纳起来是："由外向里看、由大到小看、由粗到细看、由建筑结构到设备专业看，平立剖面、几个专业、

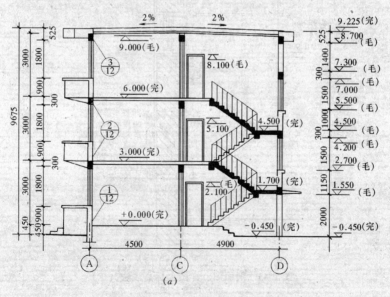

图 2-43　剖面图、详图上标高注法（一）

（a）剖面图 1:100

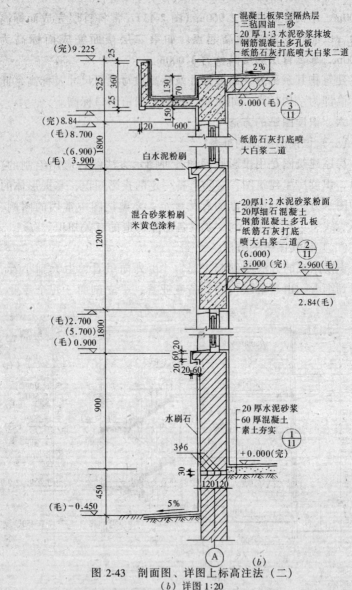

图 2-43　剖面图、详图上标高注法（二）

（b）详图 1∶20

注：1. 本图根据《建筑制图标准》（GB/T 50104—2001）绘制；

　　2. 完——表示完成面标高，也就是装饰装修完成后标高；

　　3. 毛——表示未装饰装修面的标高。

74

基本图与详图、图样与说明对照看，化整为零、化繁为简、抓纲带目，坚持程序"。

1. "由外向里看、由大到小看、由粗到细看、由建筑结构到设备专业看"

（1）先看看图纸目录，通过图纸目录看各专业施工图纸有多少张，图纸是否齐全。

（2）看设计说明，对工程在设计和施工要求方面有一概括了解。

（3）按整套图纸目录顺序粗读一遍，对整个工程在头脑中形成概念。如工程的建设地点、周围地形、相邻建筑、工程规模、结构类型、工程主要特点和关键部位等情况，做到心中有数。

（4）按专业次序深入细致地识读基本图。

（5）读详图。

2. "平立剖面、几个专业、基本图与详图、图样与说明对照看"

（1）看立面和剖面图时必须对照平面图才能理解图面内容。

（2）一个工程的几个专业之间是存在着联系的，主体结构是房屋的骨架，装饰装修材料、设备专业的管线都要依附在这个骨架上。看过几个专业的图纸就要在头脑中树立起以这个骨架为核心的房屋整体形象，如想到一面墙就能想到它内部的管线和表面的装饰装修，也就是将几张各专业的图纸在头脑中合成一张。这样也会发现几个专业功能上或占位的矛盾。

（3）详图是基本图的细化，说明是图样的补充，只有反复对照识读才能加深理解。

3. "化整为零、化繁为简、抓纲带目、坚持程序"

（1）当你面对一张线条错踪复杂、文字密密麻麻的图纸时，必须有化繁为简的办法和抓住主要的办法，首先应将图纸分区分块，集中精力一块一块地识读。

（2）按项目，集中精力一项一项地识读，坚持这样的程序读任何复杂的图纸都会变得简单，也不会漏项。

（3）"抓纲带目"有二种含义，一是前面说过的要抓住房屋主体结构这个纲，将装饰装修、设备专业、构件材料这些目带动起来，做到"纲举目张"；二是当你识读一张图纸时也必须抓住图纸中要交待的主要问题，如一张详图要表明两个构件的连接，那么这张图纸中这两个构件就是主体，连接是主题，一些螺栓连接，焊接等是实现连接的方法，读图时先看这两个构件，再看螺栓、焊缝。

七、识读建筑平面图、立面图、剖面图、详图的步骤要点

1.平面图（图2-38）

（1）看图名、比例，了解该图是哪一层平面图，绘图比例是多少。

（2）看首层平面图上的指北针，了解房屋的朝向。

（3）看房屋平面外形和内墙分隔情况，了解房间用途、数量及相互间联系，如入口、走廊、楼梯和房间的关系。

（4）看首层平面图上室外台阶、花池、散水坡及雨水管的位置。

（5）看图中定位轴线编号及其尺寸。了解承重墙、梁、柱位置及房间开间进深尺寸。

（6）看各房间内部陈设，如卫生间浴盆、洗手盆位置。

（7）看地面标高，包括室内地面标高、室外地面标高、楼梯平台标高等。

（8）看门窗的分布及其编号，了解门窗的位置、类型、数量和尺寸。

（9）在底层平面图上看剖面的剖切符号，了解剖切部位及编号，以便与有关剖面图对照阅读。

（10）查看平面图中的索引符号，以便与有关详图对照查阅。

2.立面图（图2-39）

（1）看图名和比例，了解是房屋哪一立面的投影，绘图比例是多少。

（2）看房屋立面的外形以及门窗、屋檐、台阶、阳台、烟囱、雨水管等形状及位置。

（3）看立面图中的标高尺寸，通常立面图中注有室外地坪、出入口地面、勒脚、窗口、大门口及檐口等处标高。

（4）看房屋外墙表面装饰装修的做法，通常用指引线和文字来说明材料和颜色。

（5）查看图上的索引符号，有时在图上用索引符号表明局部剖切的位置。

3. 剖面图（图 2-40）

（1）看图名、轴线编号和绘图比例，与首层平面图对照，确定剖切平面的位置及投影方向。

（2）看房屋内部构造，如各层楼板、楼梯、屋面的结构形式、位置及其与墙（柱）的相互关系等。

（3）看房屋各部位的高度，如房屋总高、室外地坪、门窗顶、窗台、檐口等处标高，室内首层地面、各层楼面及楼梯平台的标高。

（4）看楼地面、屋面的构造，在剖面图中表示楼地面、屋面构造时，通常在引出线上列出做法的编号，如地 9，在华北地区"建筑构造通用图集" 88J1—X1（2000 版）工程做法上就是铺地砖地面。

（5）看有关部位坡度的标注，如屋面、散水、排水沟等处。

（6）查看图中的索引符号。

4. 节点、构配件详图（图 2-44）

下面以铝合金玻璃幕墙直角转角部位的处理为例来说明详图识图步骤和要点。

（1）从图名可知此图是"90°内转角构造"。

（2）在众多构件和配件中找出主要构件，其他配件都是为主要构件服务的，找出主要构件识图就抓住了根本，一切问题就迎刃而解。从图 2-44 中我们可看到此图主要构件是 5 号和 6 号竖框。此节点就是要解决两竖框连接。

（3）为解决两竖框连接，在 5 号竖框的右端加一个 38×38×

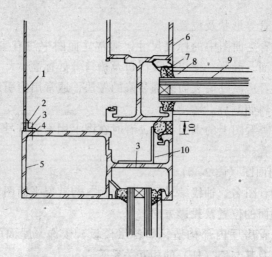

图 2-44　90°内转角构造

1—铝板；2—8 号不锈钢钢牙螺丝；3—φ4 铝拉钉；4—
铝角 20 × 20 × 1.6；5—铝合金竖框；6—铝合金竖框；
7—胶条；8—密封胶；9—玻璃；10—铝角 38 × 38 × 1.6

1.6 的铝角（10 号配件），用铝拉钉和 5 号构件连接，铝角和 6
号竖框之间 10mm 缝隙填塞泡沫胶条，胶条外面用密封胶密封。

（4）室内一侧用成型铝板进行饰面。在 5 号竖框左端加 20 ×
20 × 1.6 铝角（4 号配件）用铝拉钉（3 号配件）连接。1 号铝板
和 4 号配件之间用 8 号不锈钢钢牙螺丝 2 号配件连接。

（5）玻璃按常规方法与竖框连接。

第三章 建筑装饰装修幕墙材料

第一节 铝 合 金

一、铝合金建筑型材

（一）概述

铝合金建筑型材是铝合金玻璃幕墙的主材，目前使用的主要是30号锻铝（6061）和31号锻铝（6063、6063A）高温挤压成型、快速冷却并人工时效（T5）[或经固溶热处理（T6）]状态的型材，经阳极氧化（着色）或电泳涂漆、粉末喷涂、氟碳化喷涂表面处理。铝合金建筑型材应符合国家标准《铝合金建筑型材》（GB/T5237.1~5237.5—2000）的有关规定。型材的合金牌号、状态应符合表3-1的规定。

铝合金牌号及状态   表3-1

合 金 牌 号	供 应 状 态
6061	T4、T6
6063、6063A	T5、T6

注：以其他状态订货时，由供需双方协商并在合同中注明

化学成分对机械性能有重大影响，过量的镁会降低材料强度，过量的硅有损于型材的挤压性能和电解着色性能，如果硅含量过少，则将降低型材的机械性能。

铝合金建筑型材的化学成份，国家标准（GB/T3190—1996）《变形铝及铝合金化学成分》规定见表3-2。

（二）铝合金建筑型材的性质

铝合金建筑型材化学成分（%）　　　　表 3-2

| 牌号 | Cu | Mg | Mn | Fe | Si | Zn | Cr | Ti | 其他 | | Al |
									单个	合计	
6061	0.15 ~ 0.4	0.8 ~ 1.2	0.15	0.7	0.4 ~ 0.8	0.25	0.04 ~ 0.35	0.15	0.05	0.15	余量
6063	0.10	0.45 ~ 0.9	0.10	0.35	0.2 ~ 0.6	0.10	0.10	0.10	0.05	0.15	余量
6063A	0.10	0.6 ~ 0.9	0.15	0.15 ~ 0.35	0.3 ~ 0.6	0.15	0.05	0.10	0.05	0.15	余量

1. 铝合金建筑型材物理性能

铝合金建筑型材物理性能见表 3-3。

铝合金建筑型材物理性能　　　　表 3-3

弹性模量（MPa）	线胀系数	密度（kg/m³）	泊松比
7×10^4	2.35×10^{-5}	2710	0.33

2. 铝合金表面质量

铝合金型材表面质量应符合以下要求：

（1）型材表面应清洁，不允许有裂纹、起皮、腐蚀和气泡等缺陷存在。

（2）型材表面上允许有轻微的压坑、碰伤、擦伤和划伤存在，其允许深度应符合表 3-4 的规定；由模具造成的纵向挤压痕深度，6061 合金不得超过 0.06mm、6063、6063A 合金不得超过 0.03mm。

铝合金型材表面允许压痕深度　　　　表 3-4

| 合金状态 | 允许深度（mm） | |
	装饰面	非装饰面
T5	≤0.03	≤0.07
T4、T6	≤0.06	≤0.10

注：1. 型材装饰面应在技术图样中标明；

　　2. 空心型材内表面不按本表要求，有特殊要求时在合同中注明。

阳极氧化膜及色泽质量应符合以下要求：

（1）需表面处理的型材应在合同中注明色泽，氧化膜厚度级别。

（2）氧化膜厚度级别应符合表 3-5 规定。合同中氧化膜厚度级别一般按 AA15 级供货。

氧化膜厚度分级　　　　　　　表 3-5

级　别	最小平均膜厚 （μm）	最小局部膜厚 （μm）
AA10	10	8
AA15	15	12
AA20	20	16
AA25	25	20

（3）氧化膜质量应符合规定。

色泽应符合供需双方协商确定的实物标样。

型材表面不允许有腐蚀斑点、电灼伤、黑斑、氧化膜脱落等缺陷存在；非装饰面上允许有轻微的不均（不均度由供需双方协商）；允许距型材端头 80mm 内局部无膜。

铝型材表面质量按下列方法进行检验：

型材表面质量用肉眼检查，不使用放大仪器。对缺陷深度不能确定时，可采用打磨法测量。

对轻微缺陷判断：在距型材至少为 3m 处，由正常视力的人目视型材表面时，不应发现缺陷存在。

（三）铝合金建筑型材尺寸精度

铝合金建筑型材尺寸允许偏差分为普通级、高精级、超高精级三个等级。

幕墙用铝合金型材应选用高精级，对装配要求特别高的型材应选用超高精级。

经供需双方协商，型材部分（或全部）选用高精级或超高精级尺寸偏差时应在双方签订的技术图样、协议、订货合同上注明。

（四）铝合金建筑型材的选用

1. 尺寸及允许偏差

型材横截面尺寸允许偏差有 3 个精度等级。主要结构件的型材横截面尺寸的允许偏差可选用高精级、装配尺寸及特殊要求高的，其尺寸允许偏差可选用超高精级。

型材的弯曲、扭拧、平面间隙及横截面的角度等允许偏差均分为 3 个精度等级。一般情况下可选用普通级，配合尺寸可部分选用高精级或超高精级。

配套使用的型材，最好在同一生产厂家订货，这样有利于保证装配尺寸、色泽等协调一致。

2. 铝合金建筑型材的壁厚

工程上所使用的铝合金建筑型材壁厚是重要的安全技术指标之一，是根据工程设计要求而定的。考虑到型材使用状态下的各种影响因素，尤其是高层建筑所用型材，其设计和生产时应慎重选择壁厚，片面追求薄壁是不适宜的，一般情况下，铝合金建筑型材壁厚不宜低于以下数值：

门结构型材：2.0mm

窗结构型材：1.4mm

幕墙、玻璃屋顶：3.0mm

其他型材：1.0mm

3. 表面质量

T5 状态表面质量好，而经淬火炉淬火的型材表面缺陷相对增多。就合金而言，6063、6063A 合金型材表面要比 6061 合金型材不明光。

4. 氧化膜厚度

厚度等级分为 AA10、AA15、AA20、AA25，AA15 为一般情况下选用。

厚度等级 AA20、AA25 用于大气污染严重、条件恶劣的环境或需要耐磨时选用。

二、铝合金板材

（一）.单层铝板

《铝及铝合金轧制板材》（GB/T3880—1997）对单层铝板的技术要求作了规定。

铝板表面应采用阳极氧化膜或氟树脂喷涂，氧化膜厚度不宜小于 AA15 级。

单层铝板多采用纯铝板外加双面包覆层。

为了提高铝板的强度和刚度，在板后焊上加强肋，加强肋可选用厚铝带或角铝。联接方法为：先用闪光焊机将螺帽焊在铝板背面，然后将铝带或角铝孔套入螺帽内，用螺丝固定。

除普通铝板外，还可采用防锈铝板作为幕墙板材，板厚多为 2.5～4.0mm。

为隔声、保温，常在铝板后面加矿棉、岩棉或其他发泡材料。

（二）铝塑复合铝板

铝塑复合铝板内、外两层为 0.5mm 厚铝板，中间夹层为 2～5mm 厚 PVC 或其他化学材料。铝板表面滚涂氟化碳，喷涂罩面漆。

铝塑复合铝板颜色均匀，表面平整，加工制作方便。但夹层化学材料在火灾时产生毒气，对人体有威害。

铝板与 PVC 夹层用胶粘结，由于粘结强度不高，所以弯折时易撕开切口，折角处由于只剩一层 0.5mm 厚的铝板，形成一个薄弱环节，耐久性较差，强度也较低。

（三）蜂窝复合铝板

蜂窝复合铝板是用两块厚 0.8～1.2mm 及 1.2～1.8mm 的铝板，夹在不同材料制成的蜂巢状中间夹层两面组成（图3-1）。中间蜂窝芯材夹层可以采用铝箔芯材、玻璃钢芯材、混合纸芯材等。蜂窝复合铝板总厚度为 10～25mm。蜂窝形状有波形、正六角形、扁六角形、长方形、十字形等。

蜂窝夹层生产工艺复杂，技术要求高。纯铝箔芯材如未经处理，强度较低，寿命较短。在湿热地区存放 16 个月后，胶结强

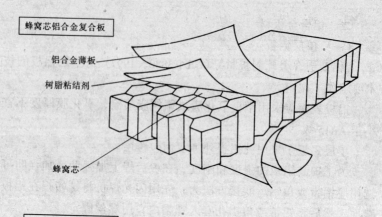

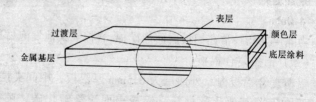

图 3-1　蜂窝复合铝板

度可能下降 70%。对铝箔芯材进行氧化处理后，其强度与耐腐蚀性能会有所提高。纸芯蜂窝材料不耐水，强度较低。

蜂窝复合铝板内外两层铝板之和已超过 2～3mm，有较高强度，隔声、保温性能较好，一般不必另加保温材料。

蜂窝复合铝板厚度较大，重量也较大，加工成型较为复杂。

第二节　建筑幕墙玻璃

一、建筑玻璃概述

随着现代装饰工程和装饰材料的发展，作为重要的装饰材料的玻璃，也在日新月异飞速地发展。而今，玻璃已不仅仅是一种挡风、透光的平板玻璃，而是已发展成为一支品种繁多、功能齐全、应用广泛的庞大的玻璃家族。除了常规建筑用的普通平板玻璃之外，又出现了许多高科技含量的新产品。其制品逐步向着控制光线、调整热量、控制噪声、降低建筑自重、改善建筑环境、提高建筑艺术档次等多方面发展。应该说，玻璃同钢材、水泥、木材一样已成为现代建筑的四大材料之一。玻璃装饰工程也以其特有的魅力为建筑锦上添花。

建筑玻璃是建筑工程用玻璃的总称。它通常是钠钙硅酸盐玻璃，具有表面晶莹光洁、透光、透视、保温、隔热、隔声、耐磨、耐气候变化和材质稳定等优点。它主要原料是石英砂（或砂岩、石英岩等）、石灰石、白云石、长石、纯碱（一部分用芒硝）等，经粉碎、筛分、配料、混合、高温熔融、成型、退火、冷却及切裁加工等工序制成。

二、建筑玻璃的分类及各种玻璃的特点和用途

（一）平板玻璃

平板玻璃是板状无机玻璃制品的总称。主要采用浮法、有槽引上、无槽引上、平拉法、压延法等成型方法，大部是钠钙硅酸盐玻璃。平板玻璃具有透光、透视、隔热、隔声、耐磨、耐气候变化，有的可保温、吸热、防辐射等特性。还可以通过着色、表面处理、磨光、钢化、夹层等深加工技术，获得特殊性能和装饰效果的玻璃制品，广泛用于建筑工程、车辆、船舶、飞机等交通工具。平板玻璃的分类见表3-6。

平板玻璃的分类 表 3-6

一 次 制 品		深加工玻璃制品
一般	普通平板玻璃	钢化玻璃
	压延玻璃	防盗玻璃
	磨光玻璃	防火玻璃
	浮法玻璃	防爆玻璃
特殊	夹丝（网）玻璃	防弹玻璃
	吸热玻璃	导电玻璃
	彩色浮法玻璃	热反射玻璃
异型	波型夹丝（网）玻璃	镜玻璃
	槽形玻璃	装饰玻璃
		双层中空玻璃

1. 普通平板玻璃

（1）定义

通常指采用引上法、包括有槽引上法（弗克法）、无槽引上法（匹茨堡法、旭法）、平拉法（卡奔法）及延压法生产的平板玻璃。

（2）规格（表3-7）

普通平板玻璃的规格尺寸（mm）　　　　　　　　　表 3-7

厚　度	长　度	宽　度	备　注
2	400～1300	300～900	特殊规格由供需双方商定
3	500～1800	300～1200	特殊规格由供需双方商定
4	600～2000	400～1200	特殊规格由供需双方商定
5	600～2600	400～1800	特殊规格由供需双方商定
6	600～2600	400～1800	特殊规格由供需双方商定
8、10、12	2400～2900	1200～1600	特殊规格由供需双方商定

（3）质量标准

普通平板玻璃的技术要求按国家标准 GB4871—85 规定。

A. 外观质量（表3-8）

普通平板玻璃的外观要求　　　　　　　　　表 3-8

缺陷种类	说　明	特选品	一等品	二等品
波筋 （包括波纹辊子花）	允许看出波筋的最大角度	30°	45° 50mm 边部 60°	60° 100mm 边部 90°
气泡	长度小于 1mm 的长度大于 1mm 的每平方米允许个数	不允许集中存在≤6mm，6 个	不允许集中存在≤8mm，8 个 8～12mm 2 个	不限　≤10mm，10 个 10～12mm 2 个
划伤	宽度在 0.1mm 以下，每平方米允许个数	长度≤50mm，4 个	长度≤100mm，4 个	不限
划伤	宽度在 0.1mm 以下，每平方米允许条数	不允许	宽 0.1～0.4mm 长＜100mm，1 个	宽 0.1～0.8mm 长＜100mm，2 个

缺陷种类	说　明	特选品	一等品	二等品
砂粒	非破坏性的，直径 0.5～2mm 每平方米允许个数	不允许	3	10
疙瘩	波及范围直径不超过 3mm 的非破坏性的疙瘩，每平方米个数	不允许	1	3
线道	条数	不允许	30mm 边部允许宽度 0.5mm 以下，1 条	宽度 0.5mm 以下，2 条

B. 尺寸允许偏差（表 3-9）

普通平板玻璃的尺寸允许偏差　　　表 3-9

项　　目			允许偏差范围
厚度（mm）	2		± 0.15
	3、4		± 0.20
	5		± 0.25
	6		± 0.30
矩形尺寸（mm）	长宽比		不得大于 2.5
	最小尺寸	（厚度：2、3）	400 × 300
		（厚度：4、5、6）	600 × 400
	尺寸偏差（包括偏角）		不得超过 ± 3
弯曲度			不得超过 0.3%
边部突出或残缺部分			不得超过 3mm
缺角			一块玻璃只允许有一个，沿原角等分线测量不超过 5mm
透光度			厚 2mm ≮ 88%，3、4mm ≮ 86%，5、6mm ≮ 82%

C. 用途

普通平板玻璃主要用于建筑物的门窗、墙面、采光屋面、室内外装饰等。2～3mm 厚的平板玻璃通常用于民用建筑，4～6mm 厚的平板玻璃主要用于工业及高层建筑，起到采光、隔热、隔声及防护等作用。另外平板玻璃还可以用作商品柜台、展品橱窗、汽车、船舶、火车等交通工具的门窗、农用温室、家具等。特选品可以用于制镜、钟表、仪表、太阳能装置至电子工业中的制版玻璃等。

2. 浮法玻璃

（1）定义

浮法玻璃是以高度自动化的浮法工艺生产的高级平板玻璃。所谓浮法工艺就是将熔融玻璃液流入锡槽，使其在高温、自重、表面张力及机械牵引力作用下摊平、展薄、形成两面平行、表面光滑、光畸变极小的平板玻璃的一种工艺。

（2）品种规格（表 3-10）

浮法玻璃的种类　　　　　　　　　　　　　　表 3-10

分　类	说　　明
无色透明浮法玻璃	通常可生产 2～22mm 厚的玻璃
吸热浮法玻璃	可生产各种厚度的蓝、灰、绿、茶色吸热玻璃
彩色膜浮法玻璃	可生产各种厚度和不同颜色的彩色玻璃
热吸收膜浮法玻璃	可生产各种厚度和颜色的热吸收膜玻璃
热反射膜浮法玻璃	可生产各种厚度和颜色的热反射膜玻璃

浮法玻璃的厚度为 2、3、4、5、6、8、10、12、15、19mm，其平面尺寸一般不少于 1000mm × 1200mm，不大于 2500mm × 3000mm，其他尺寸由供需双方商定。

（3）质量标准

浮法玻璃的技术要求按国家标准 GB11614—1999 规定。

A. 外观质量（表 3-11）

B. 尺寸允许偏差（表 3-12）

浮法玻璃的外观质量要求　　　　　表 3-11

缺陷名称	说　明		优等品	一等品	合格品
光学畸变	光入射角	3mm 厚	55°	50°	40°
		≥4mm 厚	60°	55°	45°
气泡	长度 0.5~1mm 每平方米允许个数		3	5	10
	长度 >1mm 每平方米允许个数		1~1.5mm　2个	1~1.5mm　3个	1~1.5mm　4个 1.5~5mm　2个
夹杂物	长度 0.3~1mm 每平方米允许个数		1	2	3
	长度 >1mm 每平方米允许个数		1~1.5mm 50mm 边部 1 个	1~1.5mm　1个	1~2mm　2个
雾斑（沾锡麻点与光畸变点）	表面擦不掉的点状或条状斑点，每平方米允许个数		肉眼看不出	肉眼看不出	斑点状 Φ ≤ 2mm4 个 条纹状，宽 ≤ 2mm，长 ≤ 50mm2 个
划伤	宽度 ≤0.1mm 每平方米允许条数		1	2	6
	宽度 >0.1mm 每平方米允许条数		不允许有	宽度 0.1~0.5mm　长 ≤ 100mm 1 条	宽 0.1~1mm　长 ≤ 100mm　3 条
线道	正面可以看到的，每片玻璃允许条数		不允许有	50mm 边部 1 条	2 条

浮法玻璃尺寸允许偏差　　　　　表 3-12

项　目		允许偏差范围（mm）
厚度（mm）	同一片玻璃	≤0.30
	3，4	±0.20
	5，6	±0.30
	8，10	±0.35
	12	±0.40
矩形尺寸偏差（包括倾斜）	3，4，5，6（厚度）	长度 <1500，±3；>1500，±4
	8，10，12（厚度）	长度 <1500，±4；>1500，±5

项 目		允许偏差范围（mm）
弯 曲 度		不超过0.3%
凸出或残缺	厚3，4，5，6mm	3
	厚8，10，12mm	4
缺角深度（一块只允许一个）	厚3，4，5，6mm	5
	厚8，10，12mm	6
厚度（mm）	3	透光率（%） 87
	4	86
	5	84
	6	83
	8	80
	10	78
	12	75

C. 用途

浮法玻璃主要用于建筑门窗、商品柜台、制镜、有机玻璃模板及深加工玻璃（中空玻璃、钢化玻璃、夹层玻璃等）的原片玻璃。

3. 压花玻璃

（1）定义

压花玻璃又称滚花玻璃或花纹玻璃，是将熔融的玻璃经过一个辊子刻有花纹图案的双辊压延机，连续压延制成的一面带有花纹图案的平板玻璃。玻璃料本身可以是无色透明玻璃，颜色玻璃和吸热玻璃等。在生产过程中还可以用气溶胶对压花玻璃有花纹的一面进行喷涂处理，形成具有各种颜色（如淡黄色、金黄色、天蓝色、橄榄色等）、立体感丰富的玻璃，同时还可以提高强度50%～70%。也可以通过真空镀膜、化学热分解法将压花玻璃制成具有彩色膜、热吸收膜的素雅清新或色泽艳丽、立体感强的压花玻璃。

（2）分类（表3-13）

<table>
<tr><td colspan="2" align="center">压花玻璃的分类</td><td align="right">表 3-13</td></tr>
</table>

分　　类		说　　　　明
无色压花玻璃		无色，但可以着色处理
有色压花玻璃	气溶胶着色压花玻璃	可制有色膜。并能提高强度 50%～60%
	料着色压花玻璃	用颜色玻璃，吸热玻璃制成有蓝、红、黄等色泽保持经久不便
	真空镀膜着色压花玻璃	可制得各种彩色膜、吸热膜、反射膜
	化学热分解着色压花玻璃	可制得各种彩色膜、吸热膜、反射膜
	溶胶-凝胶着色压花玻璃	可制得各种彩色膜、吸热膜、反射膜

（3）特性

A．透光而不透明

压花玻璃表面凹凸不平，光线通过玻璃产生漫反射。通过这种玻璃看物体，近处只能看到模糊不清的影像，具有透光不透明的特点。

B．装饰性

压花玻璃表面有各种花纹图案，具有良好的装饰效果。通过喷涂气溶胶，化学热分解膜，真空镀膜等工艺制得各种彩色膜、吸热膜、热反射膜，可以提高立体感和富丽华丽的美感等。

（4）用途

压花玻璃广泛用于高级建筑物（影剧院、宾馆、会堂等）的大厅；内隔墙屏风；走廊及会议室、办公室的门窗；公共场所的分隔和隔断以及作为卫生间、游泳池等处的装饰和分隔材料。

（二）饰面玻璃

饰面玻璃是建筑用装饰玻璃的总称。饰面玻璃主要包括颜色玻璃、彩色膜玻璃、拼花玻璃、空心玻璃砖或玻璃马赛克等。一般采用浇注法或压延法生产，或使用平板玻璃表面涂饰等方法加工。主要用于室内外装饰。

1．颜色玻璃

（1）定义

颜色玻璃是向玻璃原料中添加着色剂，使玻璃对可见光中某一波长的光产生吸收，从而呈现出不同颜色的玻璃。

（2）分类

颜色玻璃按不同着色机理，可分为金属离子着色玻璃、金属胶体着色玻璃和本征着色（半导体着色）玻璃三大类。

A. 金属离子着色玻璃

是以钒、钛、钴、镍、铬、锰、铜、铈、镨、钕等过渡金属和稀土元素氧化物作为着色剂，使它们以离子状态存在于玻璃中。因它们的价电子在不同能级间跃迁，而引起对可见光吸收，导致玻璃的着色。玻璃的颜色主要取决于它们的离子价态和在玻璃结构中配位体的饿电场强度和对称性，同时也受玻璃成分、熔制温度、气氛、时间等因素的影响，用混合着色剂可制得比单一着色剂更鲜艳的颜色玻璃。几种常用的着色剂、离子价态及玻璃的颜色见表3-14。

几种常用的着色离子玻璃的颜色　　　　　　　　表 3-14

着色剂	离子价态	玻璃呈的颜色
钛	Ti^{4+} Ti^{3+}（仅存在于磷酸盐玻璃）	棕黄色 紫色（还原条件下）
钒	V^{3+}	绿色（随钠含量和熔制条件的变化可生产蓝、青绿色、绿、棕色及无色等）
铬	Cr^{3+} Cr^{6+}	绿色 黄色
锰	Mn^{3+}	紫色（在钠磷酸盐玻璃中） 棕红色（在铅硅酸盐玻璃中）
铁	Fe^{2+}	淡蓝色
钴	Co^{2+}	蓝、紫（随玻璃成分不同而变化）
镍	Ni^{2+}	灰黄、紫色（随玻璃成分不同而变化）
铜	Cu^{2+}	湖蓝
铈	Ce^{3+} Ce^{4+}	淡黄 含钛时呈金黄色
钕	Nd^{3+}	紫红色
铀	U	黄绿色，并呈美丽荧光

B. 胶体着色玻璃

又可分为金属胶体着色和化合物着色两种。

（A）金属胶体着色玻璃是玻璃含有金、银、铜等胶体粒子，对某一波长的可见光产生不同程度的选择吸收，而呈现不同颜色的玻璃。其颜色和玻璃的粘度、着色的浓度、还原剂用量、氧化—还原气氛的强弱及热处理（显色）温度和基础玻璃成分等密切关系。同时还和胶体粒子为 20~150mm，其颜色则由淡玫瑰红向红色、紫红色、青色变化。

（B）化合物胶体着色玻璃是向含锌的基础玻璃中添加硫、硒化物（cds，cdse）等着色剂，在玻璃中形成 CdS、ZnS、ZnSe 呈无色状态，经热处理后在玻璃中形成 CdS 和 CdSe 胶体粒子，因光散射而显色，如硒红玻璃、镉黄玻璃、锑红玻璃等。

C. 本体着色（半导体着色）玻璃

是向基础玻璃中添加 CdS、CdSe、CdTe 等着色剂而成的颜色玻璃，其颜色不随 CdS，CdSe 粒子大小而变化，而是随 CdS/CdSe 的比值变化，其比值减小，玻璃的光谱吸收限，由短波向长波方向转移，颜色由黄向红序列变化。这是由于 CdS 和 CdSe 的半导体性能决定的。随着玻璃中的 CdS/CdSe 比值变小，相应混晶的禁带宽度随 CdSe 的相对增加而逐渐下降，导致玻璃颜色由黄向橙黄、红、深红的系列变化。

（3）用途

颜色玻璃广泛用来制作镶嵌或拼花玻璃、镜玻璃以及高级建筑的门窗和玻璃幕墙等。近年来广为使用的茶色吸热玻璃即属颜色玻璃的一种。另外，颜色玻璃还可用作信号玻璃和滤光玻璃等。

颜色玻璃的规格由供需双方商定。

2. 彩色膜玻璃

（1）定义

彩色膜玻璃是指通过化学热分解、真空镀膜法、溶胶、凝胶法及涂塑法等工艺，在玻璃表面形成彩色膜层的玻璃。这种彩色膜玻璃除了有美丽的颜色外，往往还可以具有导电、吸热、热反射、选择吸收、吸收紫外线等功能。

（2）分类

按其性能分类，有钢化型彩色膜玻璃和退火型彩色膜玻璃两大类（参见表3-15）。

彩色膜玻璃按性能分类 表3-15

分 类	说 明
钢化型彩色膜玻璃	镀彩色膜的同时，进行钢化处理，其强度高，热稳定性好，但产品尺寸受设备条件限制，不能再加工，且间歇生产
退火型彩色膜玻璃	可在引上法、平拉法或浮法线上用化学热分解法连续生产，玻璃规格大，可以再加工。但玻璃强度和热稳定性不及钢化型彩色膜玻璃

按其生产工艺分，有化学热分解法、真空溅射法、溶胶-凝胶法及涂塑法四种（参见表3-16）。

彩色膜玻璃按工艺方法分类 表3-16

分 类	说 明
化学热分解法	将玻璃加热到一定温度，喷涂含金属着色离子的溶液或干粉，在高温下分解，氧化成金属氧化物，附着在玻璃表面，根据所用离子，可形成不同颜色的彩色玻璃，既可为钢化型，又可为退火型彩色膜玻璃
真空溅射法	在真空条件下通过阴极溅射、反应溅射等方法，蒸镀金属或金属氧化物膜。并根据要求可生产多层膜，除生产彩色膜外，还可生产热反射膜，热吸收膜及低辐射膜等
溶胶-凝胶法	采用浸渍法或喷涂法涂敷含有机金属化合物的膜层，经热处理可制取难熔金属离子等氧化物膜层，及具有特殊性能的彩色膜，膜层牢固稳定
涂塑法	用含典型色素的热塑性树脂和溶剂配制成胶液，通过浸渍、涂刷或静电喷涂等工艺形成均匀膜层，经加热挥发溶剂、聚合、制得色泽艳丽，均匀的彩色膜层

（3）用途

主要用于现代建筑装饰、门窗、玻璃幕墙和汽车、船舶、火车门窗玻璃等。钢化型彩色膜玻璃强度高、热稳定性好。涂塑型也具有一定安全性。

（三）安全玻璃

安全玻璃具有保障人身安全或使人体受到的割伤、刺伤等降低到最小程度的特征。安全玻璃是通过对平板玻璃增强处理，或者和其他材料复合或采用特殊成分制成的。

安全玻璃主要有钢化玻璃、夹层玻璃、防火玻璃等。这类玻璃具有机械强度高、抗冲击性强、抗热振性好、破碎时形成无尖棱角的颗粒、碎片不飞溅、不掉落等特点，能减少或避免玻璃碎片引起对人身的伤害。有的安全玻璃还能防止火灾蔓延。

1. 钢化玻璃

（1）定义

将玻璃均匀加热到接近软化温度，用高压空气等冷却介质使其骤冷或用化学方法对其进行离子交换处理，使其表面形成压应力层，从而获得的机械强度高，抗热震性能好的玻璃被称为钢化玻璃。

（2）分类

按钢化玻璃的增强工艺分为化学钢化玻璃及物理钢化玻璃两大类。

按产品品种可分为平面钢化玻璃、曲面钢化玻璃、半钢化玻璃、区域钢化玻璃、釉石钢化玻璃、彩色钢化玻璃及导电钢化玻璃等。

建筑幕墙行业主要使用平面钢化玻璃和曲面钢化玻璃，其规格由供需双方商定。

（3）质量标准

钢化玻璃的技术要求按国家标准《钢化玻璃》（GB/T9963—1998）规定。

A. 外观质量（表3-17）

建筑平面钢化玻璃外观质量 表 3-17

缺陷名称	说　　明	允许缺陷数	
		优等品	合格品
爆边	每片玻璃每米边长上允许有长度不超过 20mm，自玻璃边部向玻璃板表面延伸深度不超过 6mm，自板面向玻璃厚度延伸深度不超过厚度一半的爆边	1 个	3 个
划伤	宽度在 0.1mm 一下的轻微划伤	距离玻璃表面 600mm 处观察不到的不限	
	宽度在 0.1～0.5mm 之间，每 0.1mm 面积内允许存在条数	1 条	4 条
缺角	玻璃的四角残缺以等分角线计算，长度在 5mm 范围之内	不允许有	1 个
夹钳印	玻璃的挂钩痕迹中心于玻璃边缘的距离	不得大于 12mm	
结石	均不允许存在		
玻筋、气泡、线道、疙瘩、砂粒	优等品不得低于 GB11614 一等品的规定合格品不得低于 GB4871 二等品的规定		

B. 尺寸允许偏差（表 3-18）

建筑用钢化玻璃的尺寸允许偏差 表 3-18

边长 L 玻璃厚度	$L \leqslant 1000$	$1000 < L \leqslant 2000$	$2000 < L \leqslant 3000$
4	+ 1	± 3	± 4
5	− 2		
6			
8	+ 2		
10	− 3		
12			
15	± 4	± 4	
19	± 5	± 5	± 6

注：对于一边长度大于 3000mm、机车车辆及特殊制品的尺寸偏差由供需双方商定。

C. 技术性能指标（表 3-19）

建筑用钢化玻璃的技术性能指标　　　　表 3-19

项　目	说　　　明
抗冲击性	取 6 块 610mm × 610mm 的试样，用直径为 63.5mm（1040g）的钢球从 1000mm 高处自由向试样表面中心处落下，6 块试样中破碎数不超过一块为合格，多于或等于 3 块为不合格
碎片状态	厚度为 4mm 的玻璃，取 5 块试样进行试验。所有试样全部破坏，并且其中最大的一块碎片的质量不超过 15g，厚度或等于 5mm 的玻璃，在 50mm × 50mm 的区域内碎片数不超过 40 块根据平板钢化玻璃与人体接触破坏时的碎片状态，用 45 ± 0.1kg 的内装铅霰弹袋的冲击体，在下落高度为 1200 ~ 2300mm 处，向钢化玻璃冲击，使钢化玻璃破碎，其中选出最大的 10 块碎片质量的总合不得超过试样 $65cm^2$ 面积的质量
抗弯强度	不低于 200MPa
耐温差急变	从室温骤升高到 200℃，再投入 25℃水中，试样均不破坏为合格
透光度	钢化玻璃的透光度，由供需双方商定，透光度按 GB5137.2 进行测定

（4）用途

钢化玻璃主要用于有安全要求的建筑，如中小学校舍的门窗，高层建筑门窗，宾馆饭店及商店门厅的门窗，展品橱窗、商品柜台等，同时，还用来制造夹层玻璃、防盗玻璃、防火玻璃等。

2. 夹丝玻璃

（1）定义

夹丝玻璃通常采用压延法生产。在玻璃液进入压延辊的同时，将经过化学处理和预热的金属丝（网）嵌入玻璃板中而制成的玻璃制品。也可采用浮法工艺生产浮法夹丝玻璃。

（2）品种规格（表 3-20）

夹丝玻璃的产品规格　　　　表 3-20

规格（mm）	备　　注
1200 × 900 × 6	具体规格可由供需双方议定
1200 × 800 × 6	
1200 × 700 × 6	
1200 × 600 × 6	

（3）质量标准（表 3-21）

项　目	说　明	一等品	二等品
磨伤	粗 1mm 长 100～200mm	不超过 6 条	不限
杂色	非玻璃本身染色	边部 100mm 内允许有 允许有轻度色斑色带	不限
砂粒	每平方米允许 0.5～2mm 砂粒个数	5 个	10 个
开口皱纹		不允许有	不允许有
压辊线	压延设备造成的板面横纹	不允许有	不允许有

（4）特性

A．安全性

夹丝玻璃具有均匀的内应力和较高的抗冲击强度。因受外力而破裂时，其碎片粘附在金属丝（网）上，不致脱落伤人。

B．防火性

夹丝玻璃受热碎裂后，碎片仍不脱落，可暂时隔断火焰，防止火灾漫延，是属于防火（二级）玻璃的一种。

C．装饰性

金属丝网可编制成菱形、方格形、六角形等艺术图案。玻璃料可采用颜色玻璃、吸热玻璃。成型时再嵌入金属丝（网）时可进行压花；也可以对夹丝玻璃进行磨光；涂敷彩色膜、吸热膜、热反射膜等，能起到特有的装饰效果。

（5）用途

夹丝玻璃不仅具有安全、防火特性，还兼具调节采光、美化环境的装饰效果，可广泛用于震动较大工业厂房的门窗、屋面、采光天窗及需要安全防火的仓库、图书馆的门窗。也可用在建筑物复合外墙材料及透明栏栅等。

3．夹层玻璃

（1）定义

夹层玻璃是由两片玻璃用透明的聚乙烯醇缩丁醛胶片或其他胶合材料，经过胶合而成的复合玻璃制品，属于安全玻璃的一种。

玻璃原片可采用磨光玻璃、浮法玻璃、吸热玻璃、热反射玻璃、钢化玻璃、导电膜玻璃、夹丝玻璃和其他有机透明玻璃。

（2）分类

夹层玻璃按其形状分类，有平面夹层玻璃、曲面夹层玻璃两大类；按其原片分类，有磨光夹层玻璃、彩色夹层玻璃、吸热夹层玻璃、热反射夹层玻璃、电热夹层玻璃等。

（3）质量标准

夹层玻璃的技术要求按国家标准《夹层玻璃》（GB9962—1999）规定。

A. 外观质量（表 3-22）

夹层玻璃的外观质量要求　　　　　　　表 3-22

项　目	优　等　品	合　格　品
胶合层气泡	不允许有	在直径 300mm 范围内允许有 2 个长度为 1~2mm 的胶合层气泡
胶合层杂质	在直径 500mm 范围内，允许有 2 个长度小于 2mm 的胶合层杂质	在直径 500mm 范围内允许有 4 个 3mm 以下的胶合层杂质
裂痕	不允许有	
爆边	每平方米玻璃允许有长度不超过 20mm，自边部向玻璃内部延伸小于 4mm，向厚度延伸小于其厚度一半的爆边	
	4 个	6 个
叠差	不影响使用，可由供需双方商定	
磨伤		
脱胶		

B. 尺寸允许偏差

夹层玻璃的长度和宽度，由供需双方商定，允许偏差见表 3-23：

C. 性能

夹层玻璃的耐穿透性好、抗弯强度、抗冲击强度比普通玻璃高 3~4 倍。

夹层玻璃尺寸允许偏差   表 3-23

原片玻璃的总厚度 (mm)	长度或宽度公差（mm）		厚度公差 (mm)
	≤1200	1200~2400	
5~7	+2	—	总厚度≤24mm 时，为原片玻璃的公差之和
	-1		
7~11	+2	+3	
	-1	-1	
11~17	+3	+4	总厚度超过 24mm 时由供需双方商定
	-2	-2	
17~24	+4	+5	
	-3	-3	

（4）用途

夹层玻璃主要用作汽车、飞机、轮船的前风挡玻璃，有特殊要求的建筑物门窗、隔墙，工业厂房的天窗及防爆设施和水下工程的观察窗口等。

4. 防火玻璃

（1）定义

防火玻璃是指能隔断火焰，防止火灾蔓延的玻璃。

（2）分类

防火玻璃按生产工艺分，有夹层防火玻璃、夹层夹丝防火玻璃、夹丝防火玻璃。

防火玻璃按耐火性能分：A 类防火玻璃、B 类防火玻璃、C 类防火玻璃。

制造防火玻璃的原片玻璃，可选用普通平板玻璃、浮法玻璃、钢化玻璃等作原片。

（3）生产工艺

夹层防火玻璃是由两片或多片玻璃和阻燃剂组合而成。生产工艺有复合法和灌浆法两种。复合法是将阻燃剂分别涂敷在平板玻璃上，干燥后再进行合片复合成整体；灌浆法是将阻燃剂制成浆料，用灌浆及聚合工艺制成。

夹层夹丝防火玻璃是将带有颜色的金属丝网内藏于具有弹性的胶合层中复合而成。

以上这两种防火玻璃还可在中间层嵌入金属导线或热敏元件，后者与警报器或自动灭火装置相连。

（4）性能和特点（表3-24）

夹层防火玻璃遇到高温时，中间阻燃剂进行膨胀发泡变白，能吸收大量的热能，使玻璃保持一定时间不破裂，可隔断火焰，防止火灾蔓延，并可带防火报警器。

防火玻璃的耐火性能　表3-24

耐火等级	耐火性能（min）
甲级	> 72
乙级	> 54
丙级	> 36

夹层夹丝防火玻璃，由于带有彩色的金属丝网，它不仅有防火性能，而且具有装饰和防漏作用。因为色彩鲜艳的金属丝网可以把色彩向周边反射出来，光彩夺目，而且当玻璃破碎或破裂时中间层可以防止水分侵入。

（5）质量标准

防火玻璃的技术要求按国家标准《建筑用安全玻璃　防火玻璃》（GB15763.1—2001）规定。

A．外观质量（表3-25）

防火玻璃的外观质量要求　　表3-25

缺陷名称 种类 允许数量	甲级		乙级		丙级	
	优等品	合格品	优等品	合格品	优等品	合格品
	直径300mm圆内允许长度和个数					
气泡	0.5～1mm 3个	1～2mm 6个	0.5～1mm 2个	1～2mm 4个	0.5～1mm 1个	1～2mm 3个
	直径500mm圆内允许长度和个数					
胶合层杂质	<2mm 4个	<3mm 5个	<2mm 3个	<3mm 4个	<2mm 2个	<3mm 3个

种类\允许数量\缺陷名称	甲级		乙级		丙级	
	优等品	合格品	优等品	合格品	优等品	合格品
裂痕	不允许有					
爆边	自玻璃边部向玻璃表面延伸深度不超过厚度一半的爆边及每平方米长度不超过20的爆边允许数					
	4个	6个	4个	6个	4个	6个
叠差	不得影响使用,可由供需双方商定					
磨伤						
脱胶						

B. 尺寸允许偏差（表 3-26、表 3-27）

防火玻璃尺寸允许偏差　　　表 3-26

玻璃的总厚度 δ（mm）	长度或宽度 L（mm）	
	$L \leqslant 1200$	$1200 < L < 2400$
$5 \leqslant \delta < 11$	±2	±3
$11 \leqslant \delta < 17$	±3	±4
$17 \leqslant \delta \leqslant 24$	±4	±5
$\delta > 24$	±5	±6

防火玻璃厚度允许偏差　　　表 3-27

玻璃的总厚度 δ(mm)	允许偏差(mm)	玻璃的总厚度 δ(mm)	允许偏差(mm)
$5 < \delta < 11$	±1	$17 < \delta < 24$	±1.3
$11 < \delta < 17$	±1	$\delta > 24$	±1.5

（6）用途

防火玻璃主要用于要求防火的建筑，如仓库、图书馆、影院、办公大楼、会议厅、宾馆及接近火源的建筑物。

（四）半钢化玻璃

将玻璃均匀加热到接近软化温度，用高压空气等冷却介质使其骤冷或用化学方法对其进行离子交换处理，使其表面形成压应力层，从而获得的机械强度高，抗热震性能好的玻璃。如果热处理程度较低，则称为半钢化玻璃。半钢化玻璃的强度为一般平板玻璃的 1.5~2 倍。半钢化玻璃破碎时仍为大片状碎片，所以不属于安全玻璃。

采用半钢化玻璃的原因主要是由于热处理程度低，玻璃表面比钢化玻璃平整，影像畸变小，较为美观。但由于安全性差，须采用相应的安全措施。

（五）中空玻璃

（1）定义

中空玻璃是由两片或多片平板玻璃中间充以干燥空气，用边框隔开，四周通过熔接，焊接或胶结而固定、密封的玻璃构件。

（2）分类

按采用的原板玻璃的类别可以分成表 3-28 所示的各类。

中空玻璃按原片玻璃分类　　　　　　　　　表 3-28

中空玻璃类型	说　　　　明
高透明无色玻璃	两片玻璃为无色透明玻璃
彩色吸热玻璃	其中一片玻璃为彩色吸热玻璃，一片为无色高透明吸热玻璃，也可以两片全是彩色玻璃
热反射玻璃	其中一片（外层）为热反射玻璃，另一片可是无色高透明玻璃或吸热玻璃
低辐射玻璃	其中一片（内层）玻璃为低辐射玻璃，另一片可以是高透明玻璃，彩色玻璃或吸热玻璃等
压花玻璃	其中一片为压花玻璃，另一片任选
夹丝玻璃	其中一片（内层）为夹丝玻璃，另一片可任选其他玻璃，可提高安全防火性能
钢化玻璃	其中一片为钢化玻璃，另一片任意选定，也可以全由钢化玻璃组成，提高安全性
夹层玻璃	其中一片（内层）为夹层玻璃，另一片可任意选定，具有较高的安全性

按颜色分类，有无色、绿色、黄色、金色、蓝色、灰色、棕色、褐色、茶色等。

按玻璃层数分，有双层中空玻璃和多层中空玻璃两大类。

按中间空气层厚度分类，有 6、9、12mm 三类，按原板玻璃的厚度分类，有 3、4、5、6mm 等。

(3) 产品规格

常用中空玻璃的最大尺寸见表 3-29。

常用中空玻璃的最大尺寸（mm）   表 3-29

原片玻璃厚度	空气层厚度	方形尺寸	短形尺寸
3	6、9、12	1200 × 1200	1200 × 1500
4	9	1300 × 1300	1300 × 1800
	12		1300 × 2000
	6		1300 × 1500
5	6	1500 × 1500	1500 × 2400
	9		1600 × 2400
	12		1800 × 2500
6	6	1800 × 1800	1800 × 2400
	9		2000 × 2500
	12		2200 × 2600

(4) 性能

A. 良好的隔热性能

中空玻璃的传热系数为 $1.63 \sim 3.37 \mathrm{W/m^2 \cdot K}$，相当于 20mm 厚的木板或 240mm 厚砖墙的隔热性能。因而采用中空玻璃可以大幅度节约采暖及空调能源。

B. 能充分调节采光

可以根据使用要求采用无色高透明玻璃、热反射玻璃、吸热玻璃、低幅射玻璃等组合中空玻璃，调节采光性能，其可见光透过率在 10% ~ 80% 之间，热反射率在 25% ~ 80% 之间，总透光率在 20% ~ 80% 之间变化。

C. 良好的隔音性能

中空玻璃可降低一般噪音 30 ~ 40dB，降低交通噪音 30 ~ 38dB，因此可以创造安静舒适的环境。

D. 能防止门窗结露、结霜。

中空玻璃中间层为干燥空气，其露点在 -40℃ 以下，因而不会结露或结霜，不会影响采光和观察效果。

（5）质量标准

中空玻璃的技术要求按国家标准《中空玻璃》（GB/T11944—2002）规定。

A. 尺寸允许偏差

中空玻璃的尺寸允许偏差见表3-30。

中空玻璃尺寸允许偏差（mm）　　　　　　　表3-30

边　长	允许偏差	厚度	公称厚度	允许偏差	对角线长	允许偏差
小于 1000	±2.0	≤6	18 以下	±1.0	＜1000	4
1000～2000	±2.5		18～25	±1.5	1000～2500	6
2000～2500	±3.0	＞6	25 以上	±2.0		

B. 性能要求

中空玻璃的性能要求见表3-31。

中空玻璃的性能要求　　　　　　　　　　表3-31

试验项目	试　验　条　件	性能要求
密封	在试验压力低于环境气压 10±0.5kPa，厚度增长必须 ≥0.8mm。在该气压下保持 2.5h 后，厚度增长偏差 ＜15% 为不渗漏	全产试样不允许有渗漏现象
露点	将露点仪温度降到 ≤-40℃，使露点仪与试样表面接触 3min	全部试样内表面无结露或结霜
紫外线照射	紫外线照射 168h	试样内表面上不得有结露和污染的痕迹
气候循环及高温、高湿	气候试验经 320 次循环，高温、高湿试验经 224 次循环，试验后进行露点测试	总计 12 块试样，至少 11 块无结露或结霜

（6）用途

中空玻璃主要用于需要采暖、空调、防止噪音、结露及需要无直接阳光和特殊光的建筑物上，广泛用作住宅、饭店、宾馆、医院、学校、商店及办公楼以及火车、轮船的门窗。按其特点决定的应用范围见表3-32。

种类	特　点	应用范围
隔热型	由无色透明、吸热、热反射、低辐射玻璃构成的双层或多层中空玻璃	用于要求保温、隔热、降低空调能源的建筑、车辆等
遮阳型	由吸热、热反射、低辐射、光致变色玻璃构成，或玻璃间安百叶窗等	用于防眩无直射阳光的建筑等
散光型	由压花玻璃、磨砂玻璃构成，或玻璃中填玻璃纤维等	提高光照均匀度和照射深度
隔音型	由无色透明玻璃构成	降低工业和城市噪音
安全型	由钢化玻璃、夹层玻璃，夹丝玻璃构成	承受风、雪荷载的屋面和安全防范建筑等
发光型	空气充惰性气体，通电后发光	商品橱窗广告等
透紫外线型	由透紫外线玻璃构成	用于杀菌和医疗等
防紫外线型	由吸收紫外线玻璃构成	用于文物，图书馆等的贮藏
防辐射线型	由防 X、γ 等高能射线的玻璃构成	用于有 X、γ 等射线的观察窗口等

第三节　石　材

一、石材概述

石材在建筑装饰工程中具有广泛的应用，在城市的各种场所，随处可见石材的装饰工程。从这些建筑的内外环境中，从地面、墙面、各种柱面、台阶、楼梯以及石材艺术装饰品——壁画、石雕等，或全部，或局部都由石材装饰，有的取石材的自然粗糙，有的取其人工磨制的精细光洁，都把石材的天然之美运用、表现得淋漓尽致、妙不可言。石材为现代室内外环境创造出了令人惊叹的艺术天地。总之，石材装饰扩展到了现代建筑工程的各个领域，石材的材料品种也越来越多，一切从事石材装饰工程的施工技术人员都要不断学习新知识，掌握新技术，在现代城市建设中，运用石材之美，创造出一座座不朽的石材装饰新工程。

石材是最古老的建筑材料之一，常常用其修建城池、桥梁、水利工程、房屋，或作路基、地面等，近十几年来又大量用其作饰面材料。

石材按来源分为天然石材及人造石材两大类。天然石材主要有花岗岩、角闪石、安山岩、玄武岩、浮岩、页岩、大理石、板岩等。人造石材主要有水磨石、人造大理石、铸石、微晶玻璃等。

二、天然石材

天然石材是指从天然岩石中采得毛石，或经加工制成的石块、石板及其定型制品等。

按岩石的形成条件，天然石材可分为岩浆岩（也称火山岩）、沉积岩、变质岩三大类。由地球内部的岩浆上升到地表附近或喷出地表，冷凝而成的岩石称为岩浆岩。属于岩浆岩的有花岗石、安山岩、浮石、玄武岩等。由岩石风化后再沉积、胶结而成的岩石称为沉积石。属于沉积岩的有石灰岩、砂岩、页岩等。岩石在高温、高压作用下变质而成的新岩石称为变质岩。属于变质岩的有大理石、板石等。

三、花岗石

（一）定义

花岗石是岩浆岩的一种，是由长石、石英、云母及少量的深色矿物构成的粗粒结晶岩石的总称。其中长石含量达 40%～60%，石英含量达 20%～40%。建筑石材中所指的花岗岩通常指具有装饰功能，能磨平、抛光的各种岩浆岩，包括各种花岗岩（如黑云母花岗石、角闪石花岗石、辉石花岗石、白岗石、花岗闪长岩等）、辉长岩、闪长岩、辉绿岩等。

（二）品种

我国花岗岩资源分布广，花色品种多，石材结构好，既有石质均匀细腻的细粒结构的优质产品，又有中粒结构的大宗产品，颜色应有尽有，还有不少名、优、特品种。如济南青、南口红、白虎洞、莱州红、泰安绿、厦门白等，已开采利用的达数十种。

（三）主要性能

花岗岩是酸性矿石，耐酸性较强。它质地坚硬、结构致密、硬度大、耐磨性好、抗压强度高、吸水率小、抗冻性强。花岗岩有美丽的颜色，主要由长石的颜色来决定，通常有淡灰、微黄、浅红和桃红等颜色。若所含长石为白色、红色及含大量黑云母、角闪石等深色矿物，也会出现稀有的白色、红色及黑色等名贵品种，其物理性能见表 3-33。

花岗石的主要物理性指标　　　　　　表 3-33

密度 (kg/m³)	强度 (MPa)		膨胀系数 (10^{-6}/℃)	吸水率 (%)	磨耗率 (%)	耐用年限 (y)
	抗压	抗折				
2500~2700	120.0~250.0	8.5~15.0	5.6~7.34	<1	11	75~200

（四）花岗岩板材的分类及用途

1. 分类

按形状分类，有普型板材，即正方形或长方形；异形板材，即其他形状的板材。按表面加工程度分类，有细磨板材，即表面平整、光滑的板材；镜面板材，即表面平整、具有镜面光泽的板材；粗磨板材，即表面平整、上粗糙、具有较规则加工条纹如机刨板、剁斧板、锤击板、烧毛板等。

2. 用途

不同品种花岗岩板的用途见表 3-34。

花岗岩板材的品种和用途　　　　　　表 3-34

品　种	特　　　征	用　　　途
剁斧板材	表面粗糙，有规律性条状斧纹	室外地面、台阶、基础等
机刨板材	表面平整，有平行的机械刨纹	地面、台阶、基座、踏步等
粗磨板材	表面平整，无光泽	墙面、柱面、台阶、基座、纪念碑等
磨光板材	表面光亮、晶体显露、有鲜明色彩或花纹	内外墙面、地面、柱面、旱冰场面、纪念碑、铭碑等

3. 普型板材的尺寸允许偏差（表 3-35）

普型板材尺寸允许偏差　　　表 3-35

项　　目		细磨和镜面板材			粗磨板材		
		优等品	一等品	合格品	优等品	一等品	合格品
尺寸允许偏差	长、宽度	0 − 1.0	0 − 1.5		0 − 1.0	0 − 2.0	0 − 3.0
	厚度 < 15	± 0.5	− 1.0	+ 1.0 − 2.0	—		
	厚度 > 15	+ 1.0	± 2.0	+ 2.0 − 3.0	+ 1.0 − 2.0	+ 2.0 − 3.0	+ 2.0 − 4.0
平面度允许极限公差	平板长度 ≤ 400	0.20	0.40	0.60	0.80	1.00	1.20
	平板长度 > 400 ~ < 1000	0.50	0.70	0.90	1.50	2.00	2.20
	平板长度 ≥ 1000	0.80	1.00	1.20	2.50	2.50	2.80
角度允许极限公差	平板宽度 ≤ 400	0.40	0.60	0.80	0.60	0.80	1.00
	平板宽度 > 400			1.00		1.00	1.20

　　异形板材的规格尺寸、平面度及角度的允许偏差由供需双方商定。拼缝板材正面与侧面的夹角不得大于 90°。

　　4．外观质量

　　同一批板材的色调、花纹应基本协调一致。

　　板材正面的外观缺陷应符合表 3-36 的要求。

板材正面的外观缺陷　　　表 3-36

名称	说　　明	优等品	一等品	合格品
缺棱	长度不超过 10mm（长度小于 5mm 不计）周边每米长（个）	不允许	1	2
缺角	面积不超过 5mm × 2mm（面积小于 2mm^2 不计）每块板（个）		1	2
裂纹	长度不超过两端顺延至板边总长度 1/10（长度小于 20mm 不计）每块板（条）		1	2
色斑	面积不超过 20mm × 30mm（面积小于 15mm^2 不计）每块板（个）		1	2
色线	长度不超过两端顺延至板边总长度 1/10（长度小于 40mm 不计）每块板（条）		2	3
坑窝	粗面板材的正面出现坑窝		不明显	出现，但不影响使用

第四节 幕墙用钢材

一、概述

钢材在铝合金幕墙材料中占很重要的地位，有些幕墙工程要以钢结构为主骨架，铝合金幕墙与建筑物的连接构件大部分采用钢材，使用的钢材以碳素结构钢为主，它是延性材料中力学性能比较典型的材料。

用于幕墙结构的钢材有：不锈钢、碳素结构钢和低合金钢。

不锈钢多用于制造五金件和螺丝，但由于不锈钢幕墙的出现，不锈钢材料被大量用于幕墙上，其材质应符合下列国家标准：

不锈金刚棒 GB1200；

不锈钢冷轧钢板 GB3280；

不锈钢热轧钢板 GB4237。

低碳结构钢主要制作连接件（预埋件、角码、螺栓等），是应用最多的钢材，低合金钢 16Mn 还用于预埋件的螺纹锚筋，其材质应符合有关国家标准：

普通碳素结构钢技术条件 GB700；

优质碳素结构钢号和一般技术条件 GB699；

合金结构钢技术条件 GB3077；

普通碳素结构钢和低合金结构钢薄钢板技术条件 GB912；

普通碳素结构钢和低合金结构钢热轧金刚板技术条件 GB3274。

二、热轧型钢

将钢坯热轧或将钢板冷弯、冲压、组焊而成的，具有各种不同形状截面的型材称为型钢。

建筑上用的型钢除了按工艺分为热轧型钢、冷弯型钢及焊接或轧制 H 型钢外，还可按材质分为普通型钢（普通碳素钢）及低合金型钢。

热轧型钢历史悠久，是我国长期沿用的型材。热轧型钢品种齐全，产销量大，但截面分布不够合理，形状尺寸受到限制，使其不能充分发挥作用。

热轧型钢也称普通型钢，是建筑业广为应用的钢材。热轧型钢按其截面形状分为简单截面型钢、复杂截面型及异形截面型钢三种。

建筑业使用的为普通截面热轧型钢，其性能比较稳定，品种齐全。常用的品种有角钢、槽钢、工字钢、轨钢等。全国各地钢

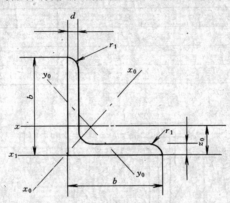

图 3-2　热轧等边角钢的截面尺寸

b—边宽度；d—边厚度；r—内圆弧半径；

r_1—边端内圆弧半径；z_0—重心距离

厂均有不同品种热轧普通型钢供货。

1. 热轧角钢

热轧角钢分为热轧等边角钢及热轧不等边角钢两种。

（1）热轧等边角钢

A. 规格型号

等边角钢的型号尺寸见图 3-2。等边角钢的通常长度见表 3-37。

热轧等边角钢的长度　表 3-37

型　　号	长　度（m）
2～9	4～12
10～14	4～19
16～20	～6～19

注：等边角钢按定尺或倍尺长度交货时，应在合同中注明。

111

B. 质量标准

（A）热轧等边角钢长度允许偏差为 $^{+50}_{\ 0}$mm。

（B）等边角钢的宽度 b、边厚度 d 尺寸允许偏差见表3-38。

热轧等边角钢的宽度、厚度允许偏差表　　　　表 3-38

型　　号	允许偏差（mm）	
	边宽度 b	边厚度 d
2 ~ 5.6	± 0.8	± 0.4
6.3 ~ 9	± 1.2	± 0.6
10 ~ 14	± 1.8	± 0.7
16 ~ 20	± 2.5	± 1.0

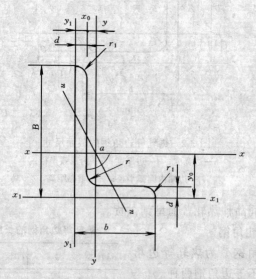

图 3-3　热轧不等边角钢的截面尺寸

B—长边宽度；b—短边宽度；d—边厚度；r—内圆
弧半径；x_0—重心距离；r_1—边端内圆弧半径；y_0—
重心距离

（2）热轧不等边角钢

A. 规格型号

热轧不等边角钢的型号尺寸如图 3-3 所示，其通常长度见表 3-39。

热轧不等边角钢的长度　表 3-39

型　　　号	长度（m）
2.5/1.6 ~ 9/5.6	4 ~ 12
10/6.3 ~ 14/9	4 ~ 19
16/10 ~ 20/12.5	6 ~ 19

注：不等边角钢按定尺或倍尺长度交
　　货时，应在合同中注明。

B. 质量标准

（A）热轧等边角钢长度允许偏差为 $^{+50}_{\ 0}$ mm。

（B）不等边角钢的宽度 B、b、边厚度 d 尺寸允许偏差见表 3-40。

热轧不等边角钢的宽度、厚度允许偏差　　　表 3-40

型　　　号	允许偏差（mm）	
	边宽度 b、B	边厚度 d
2.5/1.6 ~ 5.6/3.6	± 0.8	± 0.4
6.3/4 ~ 9/5.6	± 1.5	± 0.6
10/6.3 ~ 14/9	± 2.0	± 0.7
16/10 ~ 20/12.5	± 2.5	± 1.0

2. 热轧工字钢

（1）热轧普通工字钢

A. 规格型号

热轧普遍工字钢的型号尺寸如图 3-4 所示，其通常长度见表 3-41。

热轧普通工字钢的长度　表 3-41

型　　　号	长度（m）
10 ~ 18	5 ~ 19
20 ~ 63	6 ~ 19

注：工字钢按定尺或倍尺长度交货时，
　　应在合同中注明。

B. 质量标准

普通工字钢长度允许偏差为：

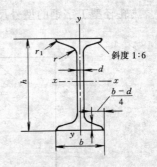

图 3-4　热轧普通工
字钢的截面尺寸

h—高度；b—腿宽度；d—腰
厚度；r—内圆弧半径；r_1—
腿端圆弧半径的静力矩；

长度≤8m, $^{+40}_{\;\;\;0}$mm；

长度＞8m, $^{+80}_{\;\;\;0}$mm。

普通工字钢的高度 h、腿宽度 b、腰厚度 d 尺寸允许偏差见表 3-42。

轧普通工字钢截面高度、腿宽、腰厚允许偏差　　　表 3-42

型　　　号	允许偏差（mm）		
	高度 h	腿宽度 b	腰厚度 d
≤14	±2.0	±2.0	±0.5
＞（14～18）		±2.5	
＞（18～30）	±3.0	±3.0	±0.7
＞（30～40）		±3.5	±0.8
40～63	±4.0	±4.0	±0.9

（2）热轧轻型工字钢

A. 规格型号

热轧轻型工字钢的型号尺寸如图 3-5 所示。

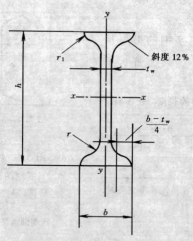

图 3-5　热轧轻型工字钢的截面尺寸

114

B. 质量标准

热轧轻型工字钢的长度允许偏差为：

长度≤8m时，+40mm；

长度>8m时，+70mm。

热轧轻型工字钢的弯曲度不得超过2mm，总弯曲度不得超过长度的0.2%。

3. 热轧槽钢

(1) 热轧普通槽钢

A. 规格型号

热轧普通槽钢的型号尺寸如图3-6所示，其通常长度见表3-43。

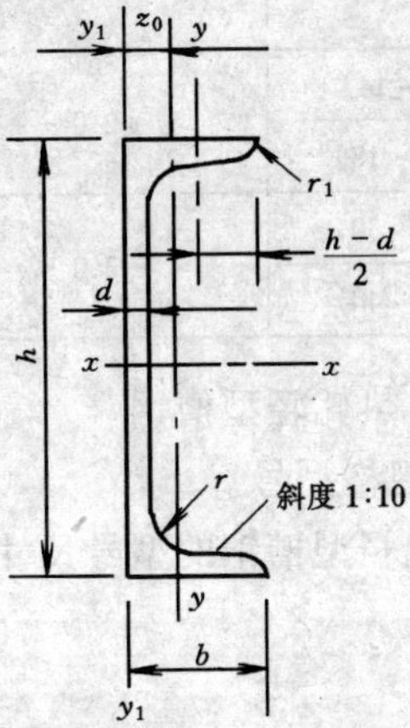

图3-6　热轧普通槽钢的截面尺寸

h—高度；b—腿宽度；d—腰厚度；r—内圆弧半径；r_1—腿端圆弧半径；z_0—y轴与y_1y_1轴间距

热轧普通工字钢的长度　表3-43

型　号	长度（m）
5～8	5～12
>8～18	5～19
>18～40	6～19

注：定尺长度或倍尺长度由供需双方协议规定。

B. 质量标准

热轧轻型工字钢的长度允许偏差为：

长度≤8m时，+40；

长度>8m时，+80。

热轧普通槽钢高度h、腿高b、腰厚度d、尺寸允许偏差见表3-44。

热轧普通槽钢尺寸允许偏差　　　　表3-44

型　号	允许偏差（mm）		
	高度 h	腿宽度 b	腰厚度 d
5～8	±1.5	±1.5	±0.4

型 号	允许偏差（mm）		
	高度 h	腿宽度 b	腰厚度 d
>（8～14）	±2.0	±2.0	±0.5
>（14～18）		±2.5	±0.6
>（18～30）	±3.0	±3.0	±0.7
>（30～40）		±3.5	±0.8

（2）热轧轻型槽钢

A. 规格型号

热轧轻型槽钢的型号尺寸如图 3-7 所示，其通常长度见表 3-45。

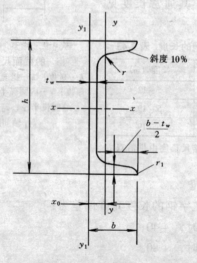

图 3-7　热轧轻型槽钢截面尺寸

B. 质量标准

热轧轻型槽钢定尺长度及截面尺寸允许偏差与热轧普通槽钢相同。

热轧轻型槽钢的长度　　表 3-45

型 号	长度（m）
5～8	5～12
10～18	5～19
20～40	6～19

第五节　建筑密封胶和结构密封胶

（一）概述

铝合金玻璃幕墙用的密封胶有结构密封胶、建筑密封胶（耐候胶）、中空玻璃二道密封胶、管道防火密封胶等。

幕墙玻璃构件使用的结构密封胶，它的主要成分是二氧化硅，由于紫外线不能破坏硅氧键，所以硅酮密封胶具有良好的抗紫外线性能和非常稳定的化学物质。

幕墙玻璃构件使用结构密封胶，把玻璃贴粘固定在铝框上，使玻璃板块所承受的作用，通过结构密封胶传递到铝框上。结构密封胶是固定玻璃并使其与铝框有可靠连接的粘接剂，同时也起密封作用。结构密封胶独特的性能对建筑物环境中的每一个因素，包括热应力、风荷载、气候变化或地震作用，都有相应抵抗的能力。

建筑密封胶（耐候胶）必须选用单组份中性胶，酸碱性胶不能用，否则将会给铝合金型材和结构硅酮密封胶带来不良影响。建筑密封胶（耐候胶）可与空气中水蒸气发生反应并变硬，因此，在贮存过程中应避免与水接触，以免变质，但建筑密封胶（耐候胶）固化后对阳光、雨水、冰雪、臭氧及气高低温都能适应。

目前国内已具备批量生产建筑密封胶和结构硅酮密封胶的条件。选择建筑密封胶和结构硅酮密封胶时可根据功能要求、使用场合和价格进行多种选择。

（二）对密封胶的主要性能要求

密封胶包括建筑密封胶（耐候胶）和结构密封胶（结构胶），它们有许多性能要求是相似的，但耐候胶更强调耐大气变化、耐紫外线、耐老化的性能，而结构胶则更重要是其强度、延性、粘结性能等力学性能要求。所以应据使用条件选用，不得相互代用，尤其不得将结构胶作为耐候胶使用。有人误认为结构胶价格贵，较为高级，降为耐候胶是大材小用，没有问题，其实这种看法是错误的，因为耐候胶主要用于建筑外部密封，对耐候性有更高要求，这是结构胶所难以胜任的。

密封胶的主要性能要求：

（1）抗拉强度。美国材料试验协会（ASTM）对硅酮密封胶先后颁发了三种试验标准即

ASTM   D412—83

ASTM   C1135—90

ASTM   C1184—91

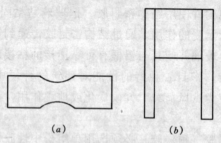

图 3-8   密封胶强度试件

（a）哑铃形试件；（b）专用试件

D412 为橡胶抗拉强度测试方法，其试样为哑铃型（图 3-8a），按这种方法测得的抗拉强度为一般橡胶所共有的抗拉强度。

C1135 是专为硅酮结构密封胶的制定的测试方法，它采用的试样为在两玻璃（或其他材料）基材（6.3×25×76.2）中间注造一个 12.7×12.7×50.8 胶层（图 3-8b），在 23℃，RH50％固化 21d 所进行测试，其结果反映了硅酮结构胶在常温使用条件下特有的抗拉强度特性，即胶层本身的抗拉强度及胶层与基片的附着强度特性综合反映。

C1184 是在 C1135 的基础上并考虑硅酮结构密封胶实际使用环境条件下的抗拉强度特性，即将试样分别经历下列环境条件后测试的抗拉强度。

a.88℃±5℃　1h；

b.－29℃±2℃　1h；

c.浸水7d；

d.5000h模拟气候条件循环试验。

在上述四项测试结果中取一个最小值作为抗拉强度，又称最小抗拉强度，并规定最小抗拉强度为0.35N/mm²（50PSI）。

抗拉强度是硅酮结构密封胶的最重要的性能。

（2）剥离强度。密封胶不仅胶本身要具有抗拉强度，并且要求密封胶与基材要有良好的粘附力，它是对密封胶评价的又一基本性能。它要满足胶缝在一定范围内，多种温度下的拉伸与压缩循环，剥离强度不应低于0.21N/mm²（30PSI）。

（3）撕裂强度。表征沿胶层本身撕开的能力，撕裂强度试验的样本ASTM规定了三种型式（图3-9）。

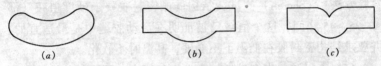

图3-9　撕裂强度试件

b型和ISO的规定一致，一般采有b型样本进行测试，要求密封胶b型试样撕裂强度不低于0.19N/mm²（27PSI）。

（4）弹性模量。它是指密封胶应力与应变的关系，它表明密封胶具有吸收拉力的能力。按密封胶的弹性模量特征，他们的特征如图3-10所示。其中Ⅰ曲线表示中模量密封胶的应力应变关系，Ⅱ曲线表示中模量应力应变关系。从图中可以看出对应于给定的应力，高模量密封胶发生的应变对应变比中模量密封胶要小；而大的应变在边界使用条件下会产生粘附失效。硅酮密封胶的优点是它在低温条件下并不变硬和增大其弹性模量；而其他一些密封胶在室温下是低模量的。但当暴露在低温条件下或胶缝最大时，就变成高模量材料；某些密封胶经过反复拉伸压缩会发生粘附失效。

（5）硬度。硅酮密封胶的硬度一般采用《橡胶邵尔A硬度

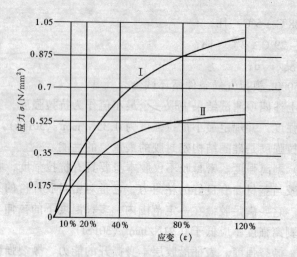

图 3-10　胶的弹性模量特征

试验方法》（ShoreA）测试。结构硅酮密封胶要求硬度值在（邵A）35～45之间，这个值域已被证明在活动胶缝中是最适宜的，并要求结构密封胶在低温下不变硬，高温时不软化。

（6）密封胶要求有较好的弹性恢复能力，即密封胶被外力作用伸长（压缩）之后能恢复到它原来的尺寸并保持其粘附性能。具有良好弹性恢复的密封胶，即使在反复伸缩活动之后内部由伸缩产生的应力减少时也会出现应力松弛，同时会出现塑性变形，即伸缩卸荷后不能随即恢复到原始尺寸，而有残余变形。一旦发生塑性变形，当再度伸长（压缩）时会产生高的内应力。

（7）变位承受能力。胶缝在风荷载、地震作用影响下及温度变化引起材料伸长（缩短）及各种材料伸长（缩短）的差异，能导致胶缝活动。对接胶缝发生伸长（压缩）活动，搭接胶缝产生错动，也引起胶缝的部分伸长，就要求密封胶具有一定的变位承受能力。胶缝的厚度与宽度对胶的活动量具有重要影响，因此胶缝的宽度与厚度必须与所选择的密封胶的变位承受能力相协调。

（三）密封胶的分类

1. 建筑密封胶（耐候胶）建筑密封胶（耐候胶）分为：

（1）聚硫密封胶

例如：CT-4有机硅粘合密封胶是上海橡胶制品研究所开发的以室温硫化硅橡胶为主体材料与适量补强填充材料及其他助剂配制而成，为室温硫化胶。

（2）氯丁密封胶和丙烯酸脂类密封胶

例如：BY-2建筑密封胶是广州市白云粘胶厂出品，系采用高固含量，低玻璃化温度的纯丙烯酸脂类共聚乳液为基料的高分子弹性密封材料。

（3）硅酮密封胶

硅酮密封胶有多种颜色，浅色密封胶耐紫外线性能较弱，只适用于室内工程，幕墙嵌缝宜采用深色的。

2. 结构密封胶

结构硅酮密封胶有多种颜色可供选择，但浅色、透明和某些彩色结构硅酮密封胶耐紫外线性能较黑色差，因此，只适用在室内使用。在室外一般都采用黑色结构硅酮密封胶。

结构密封胶有单组份与双组份两种：

单组份结构密封胶是在工厂已配制好，产品形态由一种包装容器构成，本身已处于可直接施用状态的密封胶。单组份密封胶有醋酸基的酸性密封胶和乙醇基的中性密封胶。酸性密封胶在水解反应时会释放醋酸，对镀膜玻璃的镀膜层和中空玻璃的组件有腐蚀作用，不能用于隐框玻璃幕墙。

双组份结构密封胶的固化机理是靠向基胶中加入固化剂并充分搅拌混合以触发密封胶固化，固化时表里同时进行固化反应。一般在工厂注胶间完成。

一般常见的幕墙结构密封胶有：

（1）GE4000系列结构胶

其中SSG-4000为单组份中性结构胶;SSG4400为双组份中性胶。

（2）陶康玲DOW Corning结构胶

最常用的是DC993双组份中性结构胶和单组份结构胶DC795和DC995。

（3）创高 Tremco PG2 结构胶

是双组份、高模量结构胶，中性，可用于 – 54 ~ 149℃ 环境下，有较大的变形能力。

（4）国产 MF-881 硅酮结构胶

是郑州中原应用技术研究所推出的产品，已达到国外同类型产品的质量标准。

第六节 其 他 材 料

一、双面贴胶带

目前国内使用的双面胶带有两种材料制成的两种双面胶带，即聚胺基甲酸乙酯（又称聚氨酯）和聚乙烯树脂低发泡双面胶带，要根据幕墙承受的风荷载、高度和玻璃块的大小，同时要结合玻璃、铝合金型材的重量以及注胶厚度来选用双面胶带。

幕墙风荷载大于 1.8kg/m² 时，宜选用中等硬度的聚胺基甲酸乙酯低发泡间隔双面胶带，其性能应符合表 3-46 的规定。

聚胺基甲酸乙酯双面胶带的性能   表 3-46

项　　　目		技 术 指 标
密度	g/cm³	0.682
邵氏硬度		35
拉伸强度	N/mm²	0.91
延伸率	%	125
承受压应力	N/mm²	压缩 10% 时，0.11
动态拉伸粘结性	N/mm²	0.39，停留 15min
静态拉伸粘结性	N/mm²	7×10^{-3}，2000h
动态剪切力	N/mm²	0.28，停留 15min
隔热值	W/m²K	0.55
抗紫外线	（300W、25 ~ 30cm），3000h	不变
烤漆耐污染性	（70℃）200h	无污染

幕墙风荷载小于 1.8kN/m² 时，宜选用聚乙烯低发泡间隔双面胶带，其性能应符合表 3-47 的规定。

聚乙烯双面胶带的性能 表 3-47

项 目		技 术 指 标
密度	g/cm³	0.205
邵氏硬度	N/mm²	40
拉伸强度	N/mm²	0.87
延伸率		125
承受压应力	N/mm²	压缩 10% 时，0.18
剥离强度	N/mm²	2.76×10^{-2}
剪切强度	N/mm²	4×10^{-2}，保持 24h
隔热值	W/m²·K	0.41
使用温度	℃	$-44 \sim 75$
施工温度	℃	$15 \sim 52$

将玻璃粘结在铝框上时，双面贴胶条会被压缩 10% 左右，所以，双面贴的厚度应比结构胶厚度大 1mm。例如经计算结构胶厚度需 6mm 时，可采用 7mm 厚的双面贴胶带。

二、氯乙烯发泡填充料（小圆棒）

小圆棒用于垫衬空隙，以便进行注胶。氯乙烯发泡填充料应符合表 3-48 的要求。

聚乙烯发泡填充料的性能 表 3-48

项 目	技 术 指 标		
	10mm	30mm	50mm
拉伸强度（N/mm²）	0.36	0.24	0.52
延伸率（%）	46.5	52.32	64.3
压缩后变形率（纵向%）	4.0	4.1	2.5
压缩后恢复（纵向%）	3.2	3.6	3.5
永久压缩变表率半径（%）	3.0	3.4	3.4
25% 压缩时，纵向变形率（%）	0.75	0.77	1.12
50% 压缩时，纵向变形率（%）	1.35	1.44	1.65
75% 压缩时，纵向变形率（%）	3.21	3.44	3.70

三、预埋件

目前幕墙采用的预埋件，由镀锌板焊接锚筋而成。钢板厚度不宜小于 8mm，锚筋不少于 4 根，直径不小于 8mm。

商品化预埋件已经在工程中得到应用，如图 3-11 所示的德国

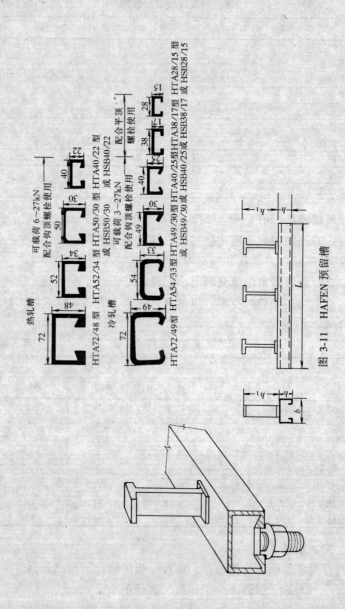

图 3-11 HAFEN 预留槽

124

HAFEN 公司的预埋金属槽,其抗拉力为 3~27kN,由热镀锌钢材或不锈钢制成,锚爪为定型钢板,锚爪长度为 60mm,带弯曲部分以防拔出,预留槽长度由 100mm~3000mm 由使用要求选定,用于固定立柱的槽长通常为 200mm~300mm,带 2~3 只锚爪。

图 3-12 为一种国产预留槽形预埋件,大体上与 HAFEN 预埋槽构造相近,为拉杆整体式,三个混凝土拔出试验证明,当拉力

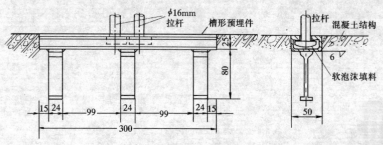

图 3-12   国产预留槽

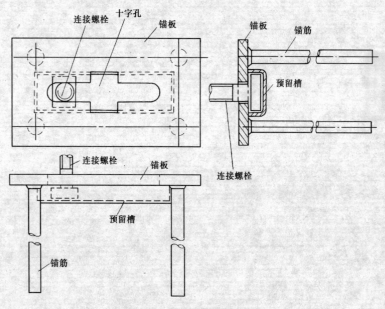

图 3-13   带预留槽的锚件

平均值为 165kN（154～175kN）时，槽并未被拉出来。

图 3-13 为带预埋槽的锚件，它有四角放置的锚筋，使得预埋件施工方便，不容易倾斜，又有预留槽，调整连接螺栓位置方便。

第四章　幕墙设备及常用的机具

第一节　幕墙加工设备

幕墙生产所需设备与铝门窗的加工设备是相类似的，也就是说铝门窗厂生产幕墙在设备方面不存在很大问题，仅仅是由于幕墙型材截面尺寸较门窗型材截面尺寸更大，因此在选型方面需要满足这一要求。由于幕墙零件更长，所以车间的面积应该足够，并且布置设备时也要考虑到这一特点。隐框幕墙的结构胶粘接工艺是特种工艺，需要增加专用设备和面积。

（一）机床设备

1. 切割机

切割机是用于切断铝型材的专用设备，由动力头带动锯片工作，因此也常常叫做下料锯。

（1）双头切割机

双头切割机是工厂的主要设备（图 4-1a、图 4-1b）。它在工作时是两个切割头同时切割，因此当切割头距离调整正确的状态下能保证这一批零件的长度公差一致。其主要部件为带有导轨的床身；两个切割头一个固定另一个沿导轨长度方向移动；切割头装置安装在可旋转或可翻转的基座上，用电动机驱动；切割头进给方式分水平运动和回转运动两种。切割头可以绕水平轴或垂直轴转动 0~45°，以加工不同角度的零件，型材的夹紧、切割头的进给采取气动工作方式，并带有冷却剂喷淋装置。切屑的吸除收集装置需要在订货时说明。按标尺刻度值及游标调整位置可满足 ±0.5mm 的精确度。

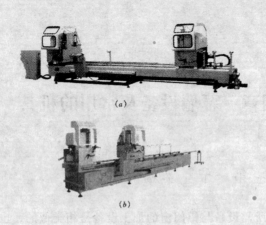

图 4-1

(a) 双头切割机;(b) 双头切割机

(2) 单头切割机

单头切割机只有一个切割头,固定在工作台上 (图 4-2)。工作台有两种,有固定式工作台及可调整角度的工作台。后者可以切割 45°以内各种角度。双头及单头切割机均采用专用锯片,这种锯片是硬质合金镶齿锯片。锯切的型材断口平整光滑,不需要进行修整。正确使用时具有较高的寿命,当断口不光滑或有粘刀现象发生时,应进行刃磨后再使用。

2. 冲压机

有一定规模的铝幕墙生产厂应具备冲压机。装配前的许多加工工序都可以在冲压机上使用相应的冲模加工,可省掉加工件的划线,加工尺寸精确,生产效率高,对批量生产尤为有利。

由于铝型材一般壁厚较薄,冲床不需要很大的吨位。因此一般不用采用通用的冲床,而经常采用小型的快速冲床 (图 4-3)。这种快速冲床可以是气动的,也可以是电动的。可以用一台或相同的几台联合使用。冲压模具一般是多工位的,这样可以减少更换模具的时间。也可以将冲床的工作台设计的较宽,同时固定几套模具,满足几种零件的加工。为了进一步缩短更换模具的时间,还可以采用模具库自动更换系统,大大的提高生产效率。

图 4-2　单头切割机

3.铣床

加工铝型材的铣床以立铣为主，如 X50C、ZX32A 等小型铣床或钻铣床均可使用，在这里不详细介绍，下面介绍两种专用铣床。

（1）仿形铣

仿形铣用于加工冲压机无法加工的型材部位，如排水槽、装锁的型孔等（图 4-4）。它具有垂直和水平铣头，运动靠模仿性，采用气动夹具夹紧，自动喷雾冷却。批量生产时效率高。

图 4-3　冲床

（2）端面铣床

端面铣床适合加工铝型材端头型面，如槽口或榫头（图4-5）。该机使用盘铣刀，铣刀直径 $\phi100 \sim \phi200$，定为板可旋转角度。

图4-4 双轴仿形铣床

图4-5 端面铣床

4.钻床

型材上的各种孔除在冲床上加工的以外，均需由钻床加工。可采用台钻或立钻，在某些场合加工 $\phi8$ 以下小孔时亦常采用电钻（手提式）或风钻。为了保证钻孔位置的精度，可采用钻模。

多工位钻床适用于批量生产（图4-6）。该机床具有 $4 \sim 7$ 个动力头，可依加工部位调整定位。一次装夹完成多部位钻孔。气动自动进给，自动化程度高。

5.铆角机

切割成斜角的窗扇（框）角的连接，采用将角码涂上胶粘剂插入空心型材腔内，然后在铆角机上挤压固定（图4-7）。该机采用气动夹紧、液压冲铆，工作平稳，角连接牢固准确，生产效率高。

图 4-6　多工位钻床

图 4-7　铆角机

6. 注胶机

隐框幕墙结构胶施工中，当采用双组分结构胶时，需要用专用注胶机来生产。使用时应严格按使用说明书的规定操作。

7. 其他机床设备

(1) 滚圆机

带圆弧的特种窗或幕墙需要加工圆弧型材，此时需要滚圆机。滚圆机有三个滚轮，有立式和卧式两种，针对不同的型材应设计成不同的滚轮，滚圆的零件半径不能太小。

(2) 剪板机

钢板、铝板的下料裁切均可在剪板机上加工，按钢板或铝板的厚度选择剪板机。但需要注意钢板、铝板要分开用两台机床加工。

(3) 折弯机

幕墙的封顶类零件需在折弯机上加工，一般是液压折弯机，机床的工作台宽度达 2500mm 以上，与剪板机配套。

(二) 辅助设备

1. 工作台

工作台是钳工划线、钻孔、攻丝、除毛刺以及装配工作中必备的设备。可根据使用要求自行设计制造。可以是木制的，也可以是钢木结构的。要求高度适宜，长度满足加工要求，上表面要采取措施，防止划伤工件。

2. 料架

料架是存放型材的，一般可做成多层以提高单位面积存放型

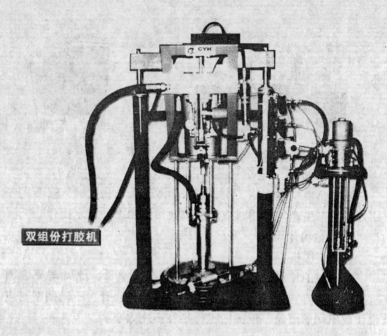

双组份打胶机

图 4-8　型注胶机

材的数量和便于将不同截面的型材分别存放。料架与型材的接触面应粘贴橡胶垫。另外在两层型材之间也要加垫隔开。

3.运输车

在工厂生产过程中，型材零件下料后，就应整齐的放在运输车上，在各个工序周转时，从车上取下加工，完毕再放入另一个车内，不允许乱堆乱放乱扔。

第二节　幕墙施工常用机具

幕墙施工常用机具主要有：

一、电动机具

1.型材切割机

型材切割机是新型的高速电动切割工具，用于切割各种规格的普通型钢及高硬度钢、电线、电缆等。多用转盘式切割机，是一种多用途高速切割工具，当装上硬质合金锯片后，可以切割铝、铜、塑料型材及木材；安装砂轮后可以切割黑色金属薄壁型材，切断面光洁，角度准确。切割机有可移动式、拎攀式、箱座式、转盘式等多种。使用电源为单相交流 220V 或三相 380V。

型材切割机结构如图 4-9 所示。

图 4-9　型材切割机

操作要点：

（1）做好工前检查，绝缘情况、接线情况是否符合要求，机具切盘是否有裂纹、变形，各处螺丝是否紧固，开关是否灵活等，确认有效后方可插上电源准备操作。

（2）检查砂轮片转动方向是否与防护罩上标示的旋转方向一致，切不可出现反转切割。

（3）工件一定要用虎钳夹紧。

（4）右手紧握把手，打开开关。转盘切割片达到全速后，慢慢按下手柄进行切割，用力要均匀适中，防止冲击切割，以免出现割片突然崩裂飞出伤人。

（5）斜角切割时，在停机断电状态用套筒扳手拧松导板上的固定螺栓，把导板调整到所需角度再拧紧螺栓。

（6）切割较厚的工件时，可以把导板后移，先松开导板固定螺栓，把其拆下来，移到后面的螺孔上固定。

（7）切割较薄的工件时，可以用木板夹在导板与工件之间，夹紧夹钳，用切盘中点进行切割。

（8）切割机磨损到一定程度应进行更换，其方法是：在停机断电状况下，掀开安全防护罩，压下转轴止动销，用套筒扳手顺时针拧松转轴上带法兰盘的螺栓，卸下切割片换上新片，装片时把印有符号的一面朝外，再装上法兰盘，逆时针拧紧螺栓，固定好止动销即可。

安全操作规程：

（1）工前检查是确保安全操作的首要前提，所以操作前必须按操作要点中的"工前检查"全面作好各项检查工作，确保机具本身的安全可靠。

（2）型材切割机应放置在地上、楼板上，不得架高使用。

（3）工件必须夹紧并尽量保持水平，工件较长时，可在另一端垫高。

（4）操作中，手柄一定要握牢，为防止起动时的冲力，全速转动后方可开始切割。

（5）操作时，操作者应站在机具后部偏左侧，电线理顺摆好，尤其不得放在被切割的工件下面。

（6）切割工作时，飞溅的火花较多，所以切割四周不得有易燃易爆物品，以免发生火灾。

（7）工件与切割片高速磨削致使切割片和工件切口温度骤增，不得用手去触摸工件切口附近及刚停机的切割片，以免发生烫伤。

（8）切割作业时，操作人员应集中精力避免左右摇摆卡断切割片飞出伤人，其他人员不得站在火花飞出的方向。

2. 云石机

云石机又叫手提式切割机，是专门用于石材切割的机具，如

图 4-10 所示。各种石料、瓷砖的切割一般用云石机来完成。云石机具有重量轻、移动灵活方便、占用场地小等优点。

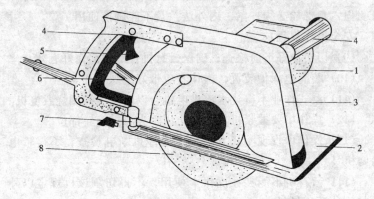

图 4-10　云石机

1—电机；2—调节平台板；3—安全罩；4—把手；5—把手开关；6—锁杆；
7—旋塞水阀；8—切割片

操作要点：

（1）工前检查：检查云石机电源、开关、云石片等是否灵活、正常，确认无误后方可开机。

（2）平台板调节：拧松深度尺锁杆，上下移动平台板，调到所需切割材料的（料厚）后，拧紧锁杆，固定好平台板。

（3）将平台板前部的槽口与加工件应切割的线对齐。

（4）湿式片切割时，将尼龙管接在水管上，再将尼龙管上的连接器接到水龙头上，调节旋塞水阀的给水量，如无水源，可以用水桶装满水架至较高的位置，用一根水管引下来。

（5）将平台板放在工件表面，起动云石机，当达到最大转速时，慢慢放下切割片接触工件切割线，均匀慢慢向前推移云石机，保持水平和垂直，直到切割完毕。

（6）切割完毕后，等机具完全停止转动后，再移动机具，否则易造成云石片损坏。

（7）云石机只能用于水平切割，不得斜切或垂直切割。

（8）云石片的拆装，在停机断电的状态下，用套筒扳手逆时针方向旋松六角螺栓，拆下该螺栓，再用专用扳手拆下外法兰盘，拆下旧切割片，换上新片后按以上相反的顺序装上切割片即可。但六角螺栓必须拧紧，内外法兰盘不能调换使用。

安全操作规程：

（9）切实作好工前检查，确保云石机各部件都完好有效。

（10）装漏电保护装置，操作者应带好绝缘手套。

（11）湿式作业不得让水流进电机，以防浸湿线圈烧毁电机。

（12）操作中要握紧机具，禁止用手去触摸旋转部位。

（13）操作中发现不正常现象，应停机断电检查，不得带电检修机具。

（14）云石机不能夹在虎钳上使用，不得切割该机规定以外的其他种类的材料。

3. 转台式斜断锯

安全操作规程：

（1）开机前必须仔细查看锯片有无裂纹、破损或变形，主轴锁定装置是否处于非锁定状态。

（2）工件锯割部位是否有铁钉等坚硬物品，若有应取下，以免破坏锯片或飞出伤人。

（3）右手要紧握手柄，左手拿工件，但绝不能放在切割线附近。

（4）锯片转动前，必须远离工件，达到全速后方可缓慢移近工件开始工作。

（5）发现异常声响，应立即停机检查，拔下电源后方可维修，严禁带电修理机具。

操作要点：

（1）新购置的斜断锯如切口铺上未切下槽口，应慢慢降下锯片，在切口铺上切下一条槽口（图4-11）。

（2）用四个地脚螺栓把斜切锯固定在水平稳定的台面上。

（3）操作前应进行以下检查：①锯法是否符合要求，有无断裂、变形，锯片锁紧螺栓是否紧固；②刀片盖是否紧固无松动，安全罩是否转动灵活；③电源是否与机具铭牌标示相符，电源开

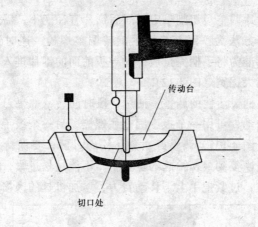

传动台

切口处

图 4-11 斜断锯切槽口

关是否灵活；④电机运转是否正常，有无漏电及异常声响。

（4）按所需角度调整好转动台，固定好所需锯割的工件，锯割线对在锯片的左或右。

（5）接通电源，右手握住手柄，按动开关，使锯片旋转，等锯片达到最高转速时慢慢放下手柄，锯片接触工件后逐渐向下施压进行锯割，切断后关上开关，锯片停止转动后将手柄抬回到原来最高位置。

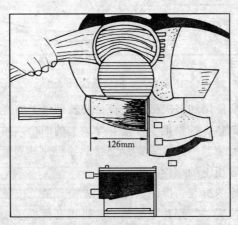

126mm

图 4-12 锯片调整方法

（6）锯片调整：切割一定时间后锯片直径变小，需适当调低锯片。调整方法为：用套筒扳手旋转调整螺栓，逆时针转动锯片，降低标准为将手柄完全放下时导板前面的锯片进入切缝部分的距离为最大锯宽（图 4-12）。

（7）手柄灵活性的调整：使用一段时间后，如果刀片盖和刀臂连接处松动，可用一个扳手固定住螺栓，另一个扳手拧紧六角防松螺母（图 4-13），调整好六角防松螺母后，要保持手柄可以往任何位置恢复到最初抬起的位置上，不能过松过紧，过松锯割准确度就差，过紧把手上下移动费力，增加机具的磨损。

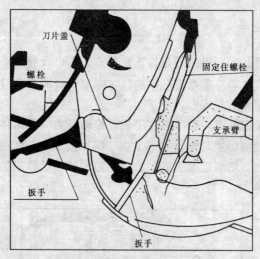

图 4-13　手柄灵活性调整

（8）长期使用和多次搬运，容易使转动台上的直角失准，这时就应加以调整。拧松把手并松开导板上的四个六角螺栓，用三角板或直角尺使其一边靠紧锯片，移动导板使其靠紧另一边，然后依次拧紧导板上的螺栓（图 4-14）。

（9）锯片的拆装：拆卸锯片时，先松开最低位置的手柄，按动轴的锁定位置，使锯片不能转动。再用套筒扳手松开六角螺母并取下，再取下法兰盘和锯片，然后将新锯片安装在中轴上，确

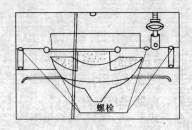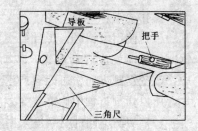

图 4-14　转动台直角失准调整方法

认刀片表面上的箭头方向与刀片盖上的箭头一致后装上外法兰盘，拧上六角螺母，然后按住轴锁，用套筒扳手逆时针拧紧六角螺母，再顺时针调整螺栓，紧扣中心盖。

4. 电圆锯

它是一种多用途的切割工具。换上高强钢锯片可对木材、纤维板、塑料进行切割加工；装上硬质合金刀片可对铝材进行切割加工；装上云石锯片可对石材板块进行切割加工，使用电源有交、直流两种，电压为220V。电圆锯如图4-15所示。

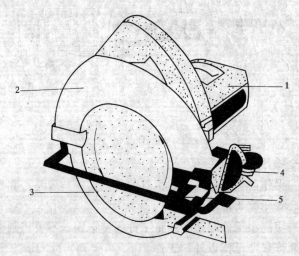

图 4-15　电圆锯

1—电机；2—静锯齿保护罩；3—动锯齿保护罩；4—调节底板；5—锯片

操作要点：

（1）使用电锯时，工件要夹紧，防止切割时滑动甩脱伤人，锯割工件前就应起动电锯，转动正常后按画线下锯。锯割过程中，改变锯割方向，可能会产生卡锯片现象和阻塞，甚至损坏锯片，所以切割过程中确需改变方向时，只宜轻度拐弯。

（2）切割不同的材料应采用不同的锯片，不得一种锯片切割任何材料，更换材料时，最好应更换锯片。

（3）要保持右手紧握电锯，左手离开，电缆应避开锯片，以免妨碍操作和锯破电缆漏电。

（4）锯割快结束时，要将锯片转至正确方向（锯片上右箭头表示）。使用锋利锯片，可提高工效，也可避免钝锯片长时摩擦而引起危险。

5. 电动往复锯

它是对金属板材进行剪切的一种工具，工作时需安装上特别的锯片。使用电源为交流电 220V（图 4-16）。

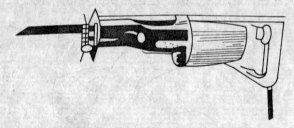

图 4-16　往复锯

安全操作规程：

（1）操作前，要仔细检查机具的安全保护装置是否完好，发现安全装置不完善应予修复。

（2）切割小工件时，必须将工件固定牢固，不要切割锯的规格元件允许尺寸范围以外的工件。

（3）锯割时，双手一定要紧握机具，而且双脚应很稳，绝不许把手松开让锯自行锯割。

（4）金属材料的切割必须使用冷却剂。

（5）锯割墙壁、顶棚、地板上已固定好的部位时，要查明所遮盖部分是否有通电电缆电线，如有应采取相应的措施，操作时，双手应抓在机具的绝缘把手上。

（6）工作完毕后，先关机具的开关，停机后方可将锯条移离工件，刚停下的机具，不得用手去触摸锯条和加工工件，以免引起烫伤。

6. 剪断类电动机具

它是利用刀片或冲模剪断材料，以达到加工要求。主要有电剪刀和电冲剪两种。

（1）电剪刀

是剪切薄形金属板材的剪切机具，它具有小巧、灵活、携带使用方便，可进行直线、曲线任意裁剪等优点（图4-17）。

操作要点：

1）做好工前检查，检查环境条件。使用前应校对电源（不超过额定电压值的10%）、开关、剪切刀片所切板材厚度是否符合有效，环境条件为：海拔不超过2000m；环境温度 - 10 ~ 40℃，相对湿度不大于90%。

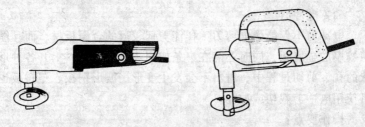

图 4-17　电剪刀

2）调节刀片间隙：一般要求板厚 0.8mm，间隙最为 0.15mm、板厚 1mm，间隙量为 0.2mm、板厚 1.5mm，间隙量为 0.3mm、板厚 2mm，间隙量为 0.6mm、板厚 3m，间隙量为 0.9mm。具体调节方法为：稍微松动下刀片六角螺丝，插进厚度尺（塞规）选定空隙量；调节操作柄上的六角螺栓，以调节空隙，到塞规不能轻松移动为止，然后慢慢拧紧手柄上的螺栓的固定刀片的螺母。

3）开机 1min，在往复运动部分加润滑剂，然后再开始剪切，剪切时应慢慢移动向前推进，电剪刀略向后倾斜，剪切中当有异常声响，应停机查明原因，修复后再操作。

4）刀片的拆装及替换：在停机断电的状况下，用内六角扳手卸下上、下刀片的六角螺母，将两片剪切片旋转 90°，取下已磨损的刀片。如果两片刀片均要换时，先装上刀片，用手压刀，确认刀片与刀片夹之间无缝隙后慢慢拧紧螺栓，再按此方法安装下刀片即可。

安全操作规程：

1）务必做好工前检查，严禁机具带故障运转进行作业。

2）严禁超允许范围剪切过厚的材料。

3）操作中不能用力过猛，遇转速突然变慢时，应立即减小推力，防止过载。

4）检修机具必须在停机断电的状态下进行，严禁带电拆装、检修机具。

（2）电冲剪

电冲剪不仅能像电剪刀一样能剪切较薄的金属板材，而且能剪较厚的金属板，同时还能在窄条或离边较近的材料上开各种形状的孔，剪切过程中，材料不会发生变形。波形钢板、塑料板也可使用电冲剪裁切或冲孔。

操作要点：

1）做好工前检查，检查电源、开关、上下冲模等是否正常。

2）确认机具各部件都有效后开机空转 1 分钟，加注润滑剂，再开始作业，操作时，不要猛力往前推，应平稳均匀地往向推进。

3）上下冲模的调整与更换：使用中发现上冲模与下冲模配

合不当时，可调整定位螺钉、定位螺母；上下冲模被磨损或损坏时，应在停机断电的状态下予以更换。

7. 电动扳手

电动扳手是拆装螺纹零件用的电动工具，它轻便、灵活，广泛应用在有大量螺纹连接的装配工程中。电动扳手有单相串激式与三相工频电动扳手两大类，后者有启动转矩大的优点。电动扳手外观如图 4-18 所示。

图 4-18　电动扳手

8. 电动曲线锯

电动曲线锯可锯割各种形状的板材，换上不同的锯条后，可锯割塑料、橡胶、皮革等，锯条宽度为 6.5～9mm，因而锯割的曲率半径可以较小。锯条齿距为 1.8mm 粗锯条用于锯割木材；齿距为 1.4mm 的中齿锯条适合锯层压板、铝板及有色金属板材；齿距为 1.1mm 的细齿锯条可以锯普通铁板。

电动曲线锯外形示意图如 4-19 所示。

操作要点：

（1）做好工前检查，检查电源是否正常，检查机具各部位是否灵活，开关是否完好，确认机具有效后方可接通电源。

（2）先将曲线锯底板紧贴在工件表面，若工件太薄，可用废料夹紧工件，以便加厚工件，按下开关后待锯片达到全速后靠近

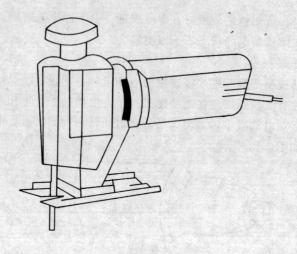

图 4-19 电动曲线锯

工件，然后均匀平稳地向前推进。

（3）在工件中间锯割曲线时，先用钻钻一个孔，以便锯片插入，锯割过薄板料发现工件有反跳时，是锯片齿距过大的缘故，应更换细齿锯片后再锯割。

（4）使用导尺可以确保更高的精确度，如圆形导件，可准确切割圆弧线。

（5）切割斜面时应在操作前拧松底板调节螺丝，使底部旋转，当底板转到所需角度时再拧紧调节螺丝，紧固底板。

（6）切割过程中，不可将锯片任意提起，如遇异常情况，先切断电源再进行处理。为确保切割的线条平滑，不宜把锯从所切割的锯缝中拿开。

（7）锯片磨损变钝应及时更换，锯片的拆换方法：拔下电源插头，用内六角扳手拧松定位环上的锯片固定螺丝，将原锯片拆下拿开，将新锯片锯齿朝前，尾部插入锯片装夹装置内，再把前面和侧面的固定螺丝拧紧即可。

9. 电动自攻螺钉钻

自攻螺钉钻是一种手提式拧紧或拆卸自攻螺钉的小型电动工

具。它广泛应用于机械装配、建筑、造船、车厢制造、木工家具制造、仪表等各行各业的自攻螺钉及其螺钉的拧紧或拆卸。特别是作为建筑行业中各种新型材料的自攻螺钉拧紧、松开的工具更为理想。

电动自攻螺钉钻外形如图4-20所示。

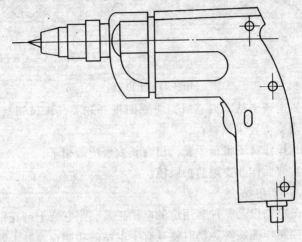

图 4-20 电动自攻螺丝刀

10. 手电钻

它是一种最常用的电动工具，也是一种多用途的电动工具。装上麻花钻时可对各种材料进行钻孔作业；装上十字头或六角头套筒时可对各种螺栓、螺钉进行拧紧。手电锯的形式也有很多种，有直头、有弯头、枪柄、后托架、环柄等等。使用电源有交流220V和380V。近年来还发展了充电式的、可变速的、可逆转的手电钻。

手电钻外形示意如图4-21所示。

安全操作规程：

（1）操作面不得有易燃易爆物；

（2）使用辅助把柄时，应双手握持，两脚站稳；

（3）只可单人操作；

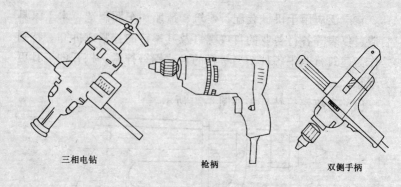

三相电钻　　　　　　　枪柄　　　　　　　双侧手柄

图 4-21　手电钻

（4）出现卡钻、偏心时，应立即松开开关，再做调整处理，严禁靠改变位置来调整；

（5）操作员不得戴手套，留有长发者应戴帽子；

（6）仰面作业要戴防护眼镜。

11. 冲击电钻

冲击电钻也是一种多用途的电动工具。当它装上麻花钻，通过开关控制作纯旋转运动时便具有手电钻的功能；当装上硬质合金冲击钻头，通过开关控制作旋转加冲击运动时，可在混凝土和砖墙上钻孔。它使用的电源一般为交流电 220V。

冲击电钻外形示意如图 4-22 所示。

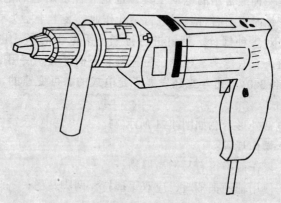

图 4-22　冲击电钻

电冲击钻的操作要点：

(1) 操作前检查电冲击钻的完好情况

1) 检查电冲击钻的机体、绝缘、电线、夹具、钻头有无损坏，如有损坏，必须及时更新；

2) 检查夹具、钻头是否能紧密配合、夹紧，用专用扳手将其紧固，如钻头、夹具有上次使用后未清除的杂质、铁屑缠绕应全面清除干净；

3) 检查所用插座提供的电源指标值是否与电冲击钻相符，充电式电冲击钻是否已充电。

(2) 操作中操作者应精力集中，严格遵循操作规程

1) 确定使用电冲击钻的功能要求，调节环指针搬到"钻头"或"锤子"方向；

2) 操作时，把手应抓稳，钻头要垂直操作面，一定要扶正电钻，轻压匀进，防止左右摆动，不能用力过猛；

3) 操作中发现异常现象或卡住钻头，转速不正常，应停机拔出检查，消除隐患。

(3) 使用完后要进行维护保养

1) 电冲击钻用完后应将钻头卸下，清除钻头、夹头上的杂物、切屑，并拿回库房上架放置；

2) 定期拆机做全面检查，传动装置，转动部位要清洁、润滑良好，经常使用时，每半个月清理一次为宜；

3) 经常使用的电冲击钻，每天从油量计视窗检查油液一次，发现量少时，应及时补充，并应定期更换，保持油液清洁；

4) 定期检查电机炭刷，当其磨损到 5～6mm 时，应及时更换。

(4) 安全操作规程

1) 开机前要确认调节环指针是否指在与工作内容相符的方向；

2) 操作者应戴防护眼镜，留长发者要戴好工作帽；

3) 操作现场严禁有易燃易爆物品；

4）把柄应清洁、干燥，不沾油脂，以便两手能握牢；

5）只许单人操作，同时避免他人用棍棒压持作业；

6）出现卡钻头时，应停机调整，严禁带电强拉、硬拔、硬压和用力搬扭；

7）钻混凝土构件遇到钢筋时，应换一个位置另钻；

8）操作人员不准戴手套，双脚一定要站稳；

9）要有漏电保护，电源线要挂好，不准随地拖拉，不允许用电线拖拉机具，以防破损漏电；

10）工作完后先关控制开关，再拔电源插头，工作前应确认开关在断开位置，方可插电源。

12．电锤

电锤是一种以冲击运动为主、辅以旋转运动的电动工具。工作时，装上专用的镶有硬质合金的冲击钻头，便可对混凝土、岩石、砖墙等进行钻孔、开槽、凿毛等作业，使用的电源一般为交流电 220V。

电锤外形示意如图 4-23 所示。

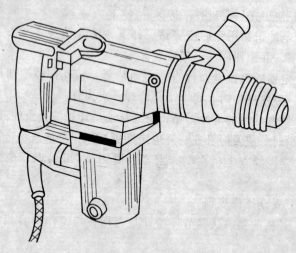

图 4-23　电锤

电锤的操作要点和安全操作规程：

（1）操作要点

1）根据工作内容合理选用锤钻和钻头，力求达到效率高、用钱省、使用方便的效果。选用好锤钻和钻头后，要根据产品证明书，选用与之相适应的润滑冷却液；

2）开机前，应检查夹头是否将钻头夹紧；

3）将档把拨到选定的档位；

4）打孔时，钻头一般应垂直工作面，钻头进入工件后，不得左右摆动，以免扭坏工具，确需扳撬时，不宜用力过猛；

5）电锤的电线应架起，避免在地上拖拉，防止破损漏电，使用完毕后，先停机，再拔下电源插头。

（2）安全操作规程

1）操作者需戴防护眼镜，长发者应戴好工作帽，脸部朝上作业时，要戴好防护面罩，严禁戴手套；

2）操作人员一定要站在稳定可靠的工作面上，双手必须紧握两把柄；

3）用电锤打孔开洞，先确认结构内是否有带电的电线，操作时必须错开带电电线等；

4）应单人操作，避免多人同时使劲，或用棍棒撬压；

5）高处作业时，最好设防护或隔离，以免伤及他人；

6）作业中发生故障，一定要立即停机拔下插头查明原因，修复后方可继续作业；

7）停机后先关控制开关，后拔电源插头，刚停机的锤钻，不得用手去触摸钻头，以免发生烫伤事故。

13．电动拉铆枪

电动拉铆枪是铆接抽芯铆钉的专用电动工具，拉铆枪与抽芯铆钉相结合，一个人就可以在单面操作，特别适用于封闭结构与盲孔的铆接。电动拉铆枪如图4-24所示。

操作要点：

（1）正式使用前起动电机空转1分钟，检查拉铆枪各部件必

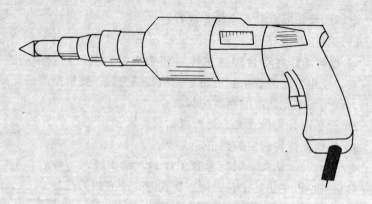

图 4-24　电动拉铆枪

须转动灵活有效，再进行操作。

（2）检查铆钉轴裂强度，选择与铆钉相配套的铆钉头，钻好与铆钉相适合的铆钉孔（按滑动配合要求钻孔）。

（3）将拉铆钉轴插入拉铆枪的头孔内，再将铆钉嵌入被铆工件的孔内，然后以拉铆枪支紧被铆工件，同时拉铆枪上的外套被顶起，即起动了离合器，瞬时即可听到铆钉被拉断的声音，放松开关，铆接完毕，铆接完结，若铆钉轴未断，可重复动作。

（4）取出铆钉轴为下次铆接做准备。

（5）操作中如出异常声音的现象，应立即停机，切断电源进行检修。

（6）拉铆枪内的离合器、滚珠轴承和齿轮等的润滑剂应保持清洁并及时添加。

（7）电动拉铆枪不宜在有易燃易爆、腐蚀性气体及潮湿等特殊环境中使用，平时不用时应存放在干燥处。

14．电动磨光机

电动磨光机是一种对金属进行磨削的手持电动工具。常用于对零件进行去毛刺、磨边、磨平焊缝等工作。它又是一种多用途的电动工具，换上钢丝轮可以完成除锈、清除工作表面的工作，换上云石锯片可以对石材进行加工。使用的电源一般为交流电220V。

操作要点：

操作时，操作者必须站稳，紧握机具，先开机待其达到以最大转速时，缓慢地将工作头置于工件表面，让磨削砂轮的边端与工件保持10°左右的角度（图4-25），当工件磨削、抛光达到要求时，缓慢地将机具的工作头从工件上拿开，然后再关机。砂轮的安装：先关掉电源，把塑料放在主轴上，再把砂轮、橡胶垫、紧固螺丝依次放在塑料垫上，然后捏住塑料垫的边端，用六角扳手把紧固螺丝拧紧即可，卸下砂轮时，与安装的顺序相反。其他工作头的安装和拆卸与砂轮的装拆一样。

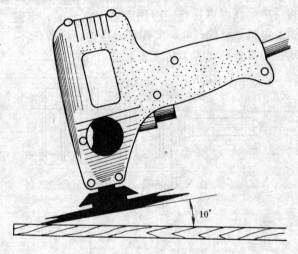

图 4-25　电动磨光机

安全操作规程：

（1）工前检查：供电电源必须与机具所需用电指标相符；机具的开关是否灵活，各部螺栓是否紧固，机罩是否破损，工作头是否有裂纹，电线接头与接地是否良好等。

（2）操作者必须站在平稳的地方操作，双手握紧机具，在适当的转速下进行操作。

（3）操作中不可脱手放开正在转动着的机具。

（4）刚使用完后在机具停止转动前不要立即将机具放在许多细屑、污物和灰尘的地方。

（5）使用中不得使工具受撞击，以免砂轮破裂伤人。

（6）防止过载操作使用机具。

（7）必须在停机断电的状况下更换工作头，操作时不宜用手触摸转动的部分。

二、气动机具

1. 气动拉铆机

气动拉铆机用于拉铆抽芯铆钉以连接构件，使用这种工具，一人在构件单面就可以操作，可用于航空、造船、车辆、建筑、通风管道及电讯器材等行业，实现了铆接作业机械化。

气动拉铆机外形如图 4-26 所示。

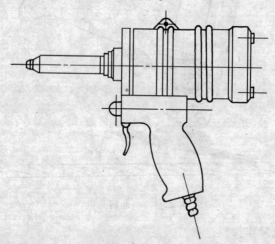

图 4-26　气动拉铆机

操作要点：

参见电动拉铆枪。

2. 气动螺丝刀

气动螺丝刀是以压缩空气为动力进行旋紧或拆卸螺钉的气动工具，适用于一字头、十字头、六角头螺栓的拧紧和拆卸。气动螺丝刀有直柄式及枪柄式两种。气动螺丝刀外形如图 4-27 所示。

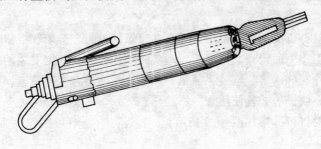

图 4-27　气动螺丝刀

3. 空气压缩机

空气压缩机是用于提供各种压力等级的空气，以供建筑工地、桥梁道路施工、室内外装修所需的压缩空气。空气压缩机为气动工具、喷涂、喷漆及装修用风动工具提供动力，外形如图 4-28 所示。

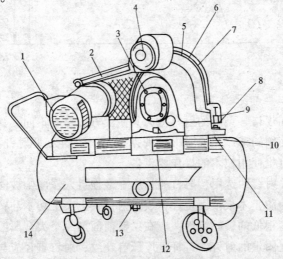

图 4-28　空气压缩机

1—电动机；2—三角胶带；3—压缩机；4—消声器；
5—排气管；6—皮带轮；7—防护罩壳；8—安全阀；
9—气压自动开关；10—放气阀；11—压力表；12—放
油孔带；13—放水阀；14—储气罐

三、手动机具

1. 射钉枪

射钉枪应用范围很广，适合在建筑、电力、造船、机械、工矿等工程中的钢板、混凝土、坚实砖墙构件上，固定安装油路管道、冷暖气水管、电线、通讯、照明、消防器材等项设施，配合管卡、线夹等装置使用。

射钉枪外形如图 4-29 所示。

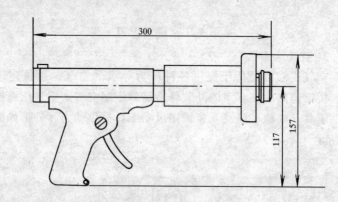

图 4-29　射钉枪

操作要点：

不同规格、型号的射钉枪，其使用方法略有不同。具体应在操作前仔细阅读产品说明书。现以喜利德 DX450 型射钉枪为例，说明射钉枪使用技术的操作要点。

（1）射钉的选用：射钉的长度 = 最佳射入深度 + 被固定件的厚度。为防止木板被固定件劈裂，射钉尖上套上切木环；质地松软、强度很低的被固定件，应在射钉前面加一个大金属圈，往金属基体上固定的射钉，钉杆上应压有花纹；射钉直径应与射钉枪配套。

（2）射钉弹的选用：射钉弹必须与射钉枪配套使用，举例参考表 4-1。

射钉枪、弹配套使用要求　　　　　　　　　　表 4-1

射钉枪型号	射钉弹	射钉类型		枪管	活塞
		南山机器厂生产	长庆机器厂生产		
SDT-A301	S1	YD、HYD	YA、HA		
SDQ603	S2	KD35、 M8、 HM8	YK3.5、YM8、HM8	$\phi10$	$\phi10$
SDT-A302	S1	DD、 HDD、 KD45、	YA、 HA、 YK4.5、	$\phi12$	$\phi12$-6
	S3	M10、HM10	YM10、HM10	$\phi8$	$\phi12$-5
		M4（$L < 32 =$	YM4（$L = 42$、52）		$\phi126$
		M6～11、HM6～11	YM4（$L < 3$）		$\phi122$
		M6～20、HM6～20			$\phi121$
		KD	YM6～11、HM6～11		$\phi12$
		HTD	YM6～20、HM6～20		$\phi8$
		YD、HYD、	YK		
			HT		
			YA、HA、		

　　（3）射钉的装入：机具嘴向上，钉尖朝下滑入装钉器内，把装钉器翻起，对准内套嘴，装钉器的装填把手尽量往回推，将钉装入。

　　（4）弹药的装入：把弹药夹从柄的底部插入，钢钉装好以后方可装入弹药。

　　（5）调节撞击力调节器的位置，根据基体的坚硬情况选择撞击力，调至第 3 档的位置时，可获得最大的撞击力。

　　（6）操作者应站在稳定可靠的操作台上操作，枪嘴应垂直对准被固定件，握紧射钉枪进行操作。

　　安全操作规程：

　　（1）所有使用射钉枪的操作人员，必须经过严格的培训，全面掌握射钉枪的使用方法，安全使用技术和操作规程，有良好的工作姿态和道德素质，不得拿射钉枪随意玩耍和开玩笑。

　　（2）使用前应严格检查射钉枪、射钉、弹药是否配套合适，检查射钉枪各部位是否完好有效。

　　（3）基体应稳定牢固坚实可靠，在薄墙板、轻质基体上射钉时，基体的另一面不得有人及带电导线，以免射钉穿透基体，造成伤害。

（4）在使用时才允许将钉、弹装入射钉枪内，装好弹药的射钉枪，严禁将枪口对人。

（5）发现射钉枪操作不灵时，必须及时将钉、弹取出，不要随意敲击。

（6）钉、弹应按危险、爆炸物品进行储存和搬运。

（7）射钉枪不得交给无关的人员或小孩子玩耍。

2. 活扳手

活扳手是应用范围极广泛的一种工具。它的开口尺寸可以在一定范围内任意调节。用于扳紧或松开设备上的六角或方头螺栓、螺母。

活扳手外形如图 4-30 所示。

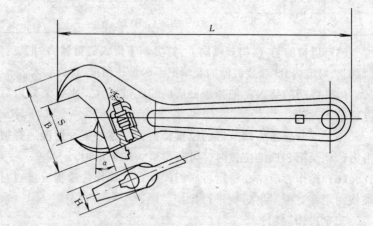

图 4-30　活扳手

3. 手动套筒扳手

手动套筒扳手是扳拧六角螺栓、螺母的手动工具，套筒扳手因配有多种连接附件与传动附件，因此适合于位置特殊、空间狭窄、活扳手或呆扳手均不能使用的场所。

（1）手动套筒扳手套筒

手动套筒扳手工作部分的几何形状为六角和双六角两种形式。根据套筒扳手传动方榫对边尺寸系列，将套筒分为 6.3、

10、12.5、20、25 等 5 个系列。

手动套筒扳手套筒结构如图 4-31 所示。

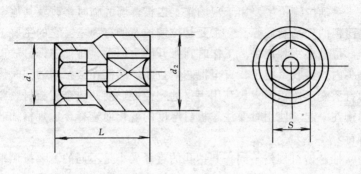

图 4-31　手动套筒扳手

（2）成套性

套筒扳手都是成套供应的，不同厂生产的套筒扳手规格不太相同。

4．手用钢锯

手用钢锯由钢锯架和钢锯条两部分组成，外形如图 4-32 所示，钢锯条分粗牙和细牙两种。施工现场使用手用钢锯主要对铝

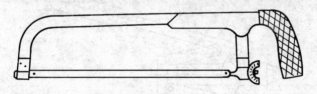

图 4-32　钢锯架

板安装时做临时性的修改。所以宜选用细牙钢锯条。如果选用粗牙钢锯条，由于牙距与板厚相差不大，容易对锯条造成崩齿现象，从而损坏锯条而无法工作。使用前，要拧紧旋扭，使用时，要保持钢锯做前后直线运动，千万不能左右摇摆，因为钢锯条硬度较高，同时很脆，左右摇摆使得钢锯条扭曲容易折断。工作完毕下班后要把旋扭松开，把钢锯条取下，否则一不小心容易把钢

锯条碰断。同时长时间绷紧张拉容易损坏钢锯架。

5. 手动拉铆枪

手动拉铆枪主要用于现场施工铝板幕墙的临时修改及其他金属薄板的现场制作等。它主要是拉铆抽芯铆钉为主。它的主要工作部位是夹头和把手。工作时，张开两边把手，将抽芯铆钉放进架头内，再收紧把手，直至把芯柄拉断。芯柄在被拉断的同时使铆钉头变形体积增大，利用铝材的塑性变形使两块金属板材紧紧的铆在一起。使用时要注意板材厚度的变化而选择合适规格抽芯铆钉。

抽芯铆钉规格不同，其钻孔的直径大小是不同的，要按照抽芯铆钉的说明书选择合适的钻头，千万不可图工作方便随意放大钻头的直径，否则，铆钉头在塑性变形时无法夹紧板块而使铆固失败。

该工具不需外接电源，操作简单，铆接速度快，不受封闭件难于铆接的限制，适宜于维修及小批量铆接，尤其是在场地狭小的地方作业。铆螺母手动枪是铆接铆螺母的专用工具。

抽芯铆钉手动枪外形如图 4-33 所示。

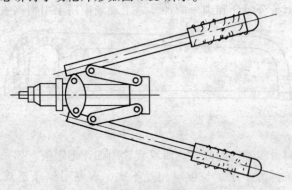

图 4-33　手动拉铆枪

操作要点：

（1）根据工作内容选择不同孔径的拉铆头，拉铆头选择后，根据铆接工件的厚度选择拉铆钉的直径和长度。

（2）在被铆接的工件上先站孔，孔径应与铆钉滑动配合，不宜太大，以免影响铆接强度。

（3）操作时，铆钉应正对着铆孔，双手同时均匀使劲将铆钉铆住牢固。

6. 手动真空吸盘

手动真空吸盘是用来粘运玻璃的主要工具。常用于玻璃幕墙板块安装。它通常由两个或三个橡胶圆盘所组成，每个圆盘配合一个扳柄。工作时，将橡胶圆盘放在玻璃的表面上用力压紧，将盘内空气部分挤出，再重复扳动扳柄，圆盘内形成真空，利用大气的压力将圆盘紧紧的吸在玻璃表面上，再抬起手柄便可把玻璃抬走。工作时，为保持圆盘内的真空度，间隔一段时间要重复扳动扳柄。平时要注意别让橡胶圆盘接触矿物油或无机溶剂等，以免橡胶圈变形失去密封性能。手动真空吸盘外形如图 4-34 所示。

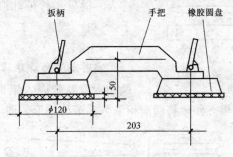

图 4-34　手动真空吸盘

7. 嵌缝枪

嵌缝枪又称堵缝枪、挤压枪，是建筑装饰专用工具，是用来给胶缝打胶的专用工具。在使用胶粘剂或玻璃密封胶时，用来助推胶粘剂。它的作用是挤压胶筒，使胶粘剂均匀流出，使用轻便、省力、流胶均匀。

使用时把密封胶或其他胶粘剂的管子放入助推器的半圆体内，用手按动手把，使拨动板带动推杆向前推进，产生推力，将胶液挤压出管子。推杆向前推足，使用完毕后，只要用手按动手柄尾部方孔处的止退板，将推杆向后拉，换一只胶管，就可继续使用。嵌缝枪外形如图 4-35 所示。

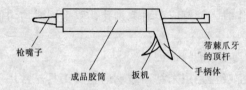

枪嘴子

成品胶筒　　扳机

带棘爪牙的顶杆

手柄体

图 4-35　嵌缝枪

8. 撬板和竹签

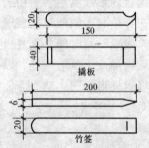

撬板

竹签

图 4-36　撬板和竹签

撬板和竹签主要用于安装密封胶条时使用。撬板一般为尼龙做成，工作时，用撬板在玻璃与铝框之间撬出一定间隙，然后用竹签将胶条塞入。撬板和竹签外形如图 3-36 所示。

9. 滚轮

当玻璃安装完毕将 V 型 W 型防风和防雨胶带嵌入铝框架后，此时用滚轮可以很方便地将圆胶棍塞入。滚轮外形如图 4-37 所示。

图 4-37　滚轮

10. 手拉葫芦

手拉葫芦是一种使用简易、携带方便的手动起重机械，适用于工厂、矿山、建筑工地、码头、仓库中作为起吊货物与设备使用，特别在无电源场所使用，更有其重要功用。手拉葫芦外形如图 4-38 所示。

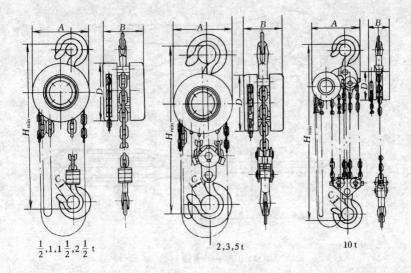

$\frac{1}{2}$,1,1$\frac{1}{2}$,2$\frac{1}{2}$ t   2,3,5t   10 t

图 4-38　手拉葫芦

11. 直形钳口大力钳

它是一种多用途的手工工具，主要用于板材的夹持，同时还可以自锁，作业完后又可以松开。它综合了钢丝钳、手虎钳的各个功能，同时又比它们灵活，所以目前工地使用较为广泛。使用前，通过调节旋钮，可以调节钳口夹持的厚度，工作时，压紧把手，大力钳便把工件紧紧地夹持住，由于它具有自锁功能，松手后钳口不会松开。直至作业完毕，松开旋拧，钳口便可张开。在现场的铝板加工时，大力钳使用较广泛。稍微用力便可把手把压紧。如果要用很大力气方能把手把压紧，说明钳口的张度太小，此时要继续旋转旋钮使钳口稍稍张大，千万不可十分使劲往下压，以免损伤大力钳。同时，大力钳也不适应重敲击的环境下作业。直形钳口大力钳外形如图 4-39 所示。

12. 一字槽螺钉旋具（螺丝刀）

它主要用于拆装一字槽螺钉的手工工具，使用时要注意，不能把它作为錾子使用，否则很容易损坏。一字槽螺钉旋具外形如图 4-40 所示。

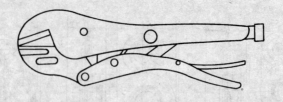

图 4-39　直形钳口大力钳

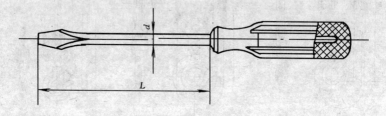

图 4-40　一字槽螺钉旋具

13. 十字槽螺钉旋具

它主要用于拆装十字槽螺钉的手工工具，使用时要注意型号与螺钉的十字槽相对应，否则在使用过程中会将螺钉的十字槽拧坏，使螺钉无法拧松或拧紧。十字槽螺钉旋具外形如图 4-41 所示。

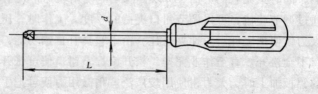

图 4-41　十字槽螺钉旋具

14. 电子定扭矩扳手

电子定扭矩扳手设有五档定扭矩预选开关，当扭矩达到预选值时，有发光指示及电子音响，可以准确控制扭矩，主要用于对螺栓紧固扭矩有明确规定的螺栓紧固。外形如图 4-42 所示。

15. 安装锤

幕墙安装过程中使用的锤子，是不允许使用铁锤子的，只能

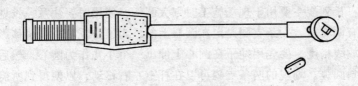

图 4-42　电子定扭矩扳手

使用橡胶锤、尼龙锤或塑料锤。因为幕墙安装时需要敲击的材料一般为铝板或石板块，前者硬度较低，后者脆性大，使用铁锤容易损坏工件。

安装锤在使用时要注意避开火源，要避开各种矿物油和各种无机溶剂，否则，安装锤容易受到损坏。安装锤外形如图 4-43 所示。

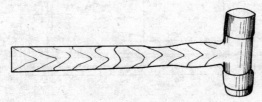

图 4-43　木柄塑料安装锤

16. 划规

划规主要用于现场安装时划圆、等分等作业，外形如图 4-44 所示。

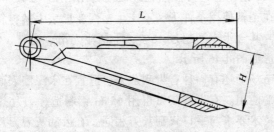

图 4-44　划规

17. 长划规

长划规主要用于现场施工时划大圆弧，使用时要注意，长划规有两支腿，一条支腿是定在圆心上的，为了防止其滑动位移影响放线精度，要先用冲子在圆心上冲出一个小孔作为圆心，然后再划圆弧。划规的两条支腿可以在杆上左右移动，以便得到所需的圆弧半径。位置确定后要把它拧紧，防止在划线过程中走位使圆弧半径发生变化。长划规外形如图 4-45 所示。

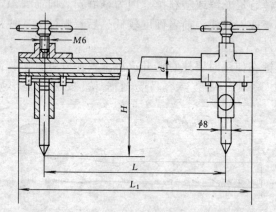

图 4-45　长规划

18. 刮灰刀

　　常用刮灰刀为平口式，平口式刮灰刀主要用于铲灰、调灰、嵌灰，是墙面装饰及油漆工不可缺少的重要手工具，平口式刮灰刀常用 65Mn 钢制造，刀片热处理硬度为 HRC43～54，具有较好的弹性，在正常使用条件下，不产生塑性变形，手柄材料采用硬杂木制造，其含水率不超过 16%，手柄应光滑、完整、无毛刺、裂缝。外形如图 4-46 所示。

　　现在市场上还有一种有齿刮灰刀，适宜在水泥墙表面装饰前打毛或找平使用。有齿刮灰刀也用 65Mn 钢制造，刀片热处理硬度及其他技术要求与平口式刮灰刀相同。有齿刮灰刀刀片宽度分别为 $4\frac{1}{8}$、$5\frac{3}{4}$、$7\frac{3}{4}$、$11\frac{3}{4}$in，刀片长度 $2\frac{3}{4}$in，灰刀总长 $4\frac{1}{2}$in。

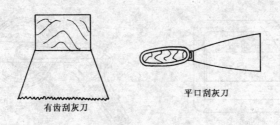

有齿刮灰刀

平口刮灰刀

图 4-46　刮灰刀

第三节　幕墙施工常用量具

1. 钢直尺

钢直尺是一种具有刻度的标尺,通过与北侧尺寸比较而由刻度标尺直接读数的通用长度测量工具。钢直尺外形如图 4-47 所示。

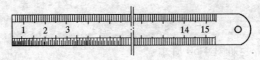

图 4-47　钢直尺

2. 钢卷尺

钢卷尺是用于测量一般长度的量具,钢卷尺按不同结构分为自卷式、制动式(右制动按钮)、摇卷盒式、摇卷架式。其中摇卷架式主要用于测量油库或其他液体库内储存的油或液体的深度。钢卷尺外形如图 4-48 所示。

3. 90°角尺

90°角尺是检验工件垂直度的测量工具。角尺按其构造形式的不同,有圆柱角尺、刀口矩形角尺、矩形角尺、三角形角尺、刀口角尺、宽座直尺等多种。外形如图 4-49 所示。

4. 游标万能角度尺

游标万能角度尺是利用游标原理对两测量面相对移动所分隔的角度进行读数的通用测量工具。万能角度尺的型号有 1 型和 2

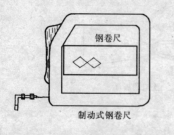 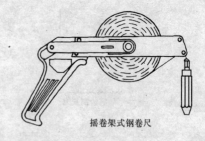

制动式钢卷尺　　　　　　　　摇卷架式钢卷尺

图 4-48　钢卷尺

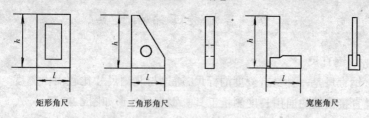

矩形角尺　　　　　三角形角尺　　　　　　宽座角尺

图 4-49　90°角尺

型两种。外形如图 4-50 所示。

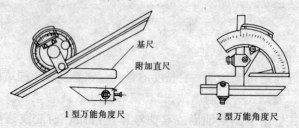

1 型万能角度尺　　　　　　　2 型万能角度尺

图 4-50　万能角度尺

5. 游标卡尺

游标卡尺是利用游标原理对两测量爪相对移动分隔的距离进行读数的通用长度测量工具。根据量爪形式不同，游标卡尺分为Ⅰ、Ⅱ、Ⅲ型，均有微调装置，图示为Ⅰ型。外形如图 4-51 所示。

6. 带表卡尺

带表卡尺是通过机械传动系统，将两测量爪相对移动变成指

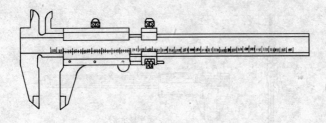

图 4-51　游标卡尺（Ⅰ型）

示表指针的回转运动，并借助尺身刻度和指示表，对两测量爪相对移动所分隔的的距离进行读数的一种长度测量工具。带表卡尺根据量爪型式不同分为Ⅰ型、Ⅱ型，图示为Ⅱ型。外形如图4-52所示。

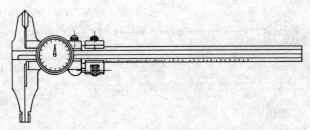

图 4-52　带表卡尺（Ⅱ型）

7. 电子数字显示卡尺、高度尺、深度尺

电子数字显示卡尺、高度尺、深度尺采用液晶显示，通过电容传感器与专用集成电路实现数字化测量。功耗低、1 粒 1.5V氧化银纽扣电池可连续使用一年，电池用完以闪耀显示。由于在测量范围内任一点位置可以置"0"，故可作相对测量。数据输出端口可与计算机或打印机联接进行数据输出。电子数显卡尺按测量爪（刀口）型式不同分为Ⅰ、Ⅱ、Ⅲ、Ⅳ型，Ⅰ型测量范围0 ~ 150mm、0 ~ 200mm，Ⅱ、Ⅲ型测量范围 0 ~ 200mm、0 ~ 300mm，Ⅳ型测量范围 0 ~ 500mm。外形如图 4-53 所示。

8. 指示表式力矩扳手

指示表式力矩扳手用于拧紧有力矩要求的螺母，也可以作力

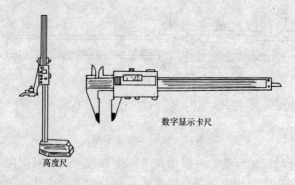

数字显示卡尺

高度尺

图 4-53　数字显示卡尺、高度尺

矩值的检测校准用，力矩数值可以直接从指示表上读出。外形如图 4-54 所示。

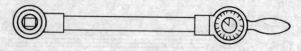

图 4-54　指示表式力矩扳手

9. 水准仪

（1）水准仪的构造及使用方法

水准仪按其精度分，有 $S_{0.5}$、S_1、S_3 和 S_{10} 不同的精度等级。S 是汉语拼音水字的第一个字母，DS 意思为大地测量水准仪，下角标 0.5、1、3 和 10 表示仪器的等级（每公里水准测量往返偶然中误差不大于的数值，以毫米计）。仪器系列参数见附录 5。建筑工程一般用 S_3 级水准仪。影响仪器精度的主要因素，一是水准管的角值，角值越小，灵敏度越高；二是望远镜的放大倍数，放大倍数越大，观察效果越好。

下面以 S_3 型微倾式水准仪为例，介绍仪器的构造原理。

设有微倾螺旋的水准仪称微倾式水准仪。其构造由望远镜、水准器、基座三部分组成，如图 4-55 所示。

A. 望远镜

望远镜是水准仪进行测量的主要工作部分，由物镜、目镜和十字线三部分组成。它的主要作用是使观测者能清楚的看清水准尺并提供水平视线进行读数。图 4-56 是内对光式倒像望远镜的构造原理图。目标经过物镜和凹透镜的作用，在十字线分划板上形成缩小的倒立实像。十字线平面位于目镜的焦面上，再经过目镜的作用，把小像和十字线同时放大成虚像，于是看到的目标就非常清楚了。从目镜看到的像与目标实物大小的比值叫望远镜的放大倍率，它是鉴别仪器质量的主要指标。一般工程中常用的普通水准仪放大倍率为 18 ~ 30 倍。

由于目标有远有近，为了使目标都能看的清楚，就要随时调整对光螺旋（改变组合透镜的等效向距）。图 4-57 是内对光望远镜的调焦示意图。目标 P 经物镜 L_1 和调焦镜 L_2 后，成像在 P' 位置上，因 P' 不在十字线板平面上，故成像不清楚。转动对光螺旋让影像

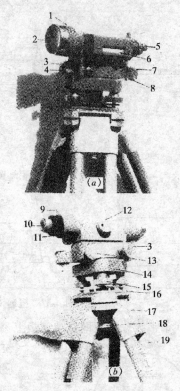

图 4-55 水准仪各部名称

1—准星；2—物镜；3—微动螺旋；4—制动螺丝；5—观测镜；6—水准管；7—水准盒；8—校正螺丝；9—照门；10—目镜；11—目镜对光螺旋；12—物镜对光螺旋；13—微倾螺旋；14—基座；15—定平螺旋；16—连接板；17—架头；18—连接螺旋；19—三角架

逐渐向十字线平面靠近，当调焦镜移到 L'_2 的位置时，物像便落在十字线平面上。内对光望远镜的特点是物镜和十字线板不动，因对光引起的视准轴变化较小。且望远镜筒短而轻便。封闭性好，灰尘和潮气不易侵入。

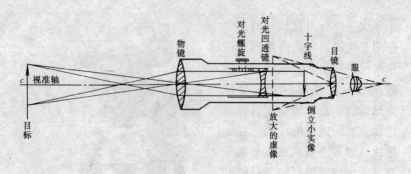

图 4-56　望远镜构造原理

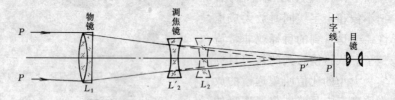

图 4-57　望远镜调焦示意

十字线分划板即在玻璃板上刻出互相垂直的十字线。如图4-58 所示。竖直的一条称竖丝，横的一条长线称中丝，中丝上下还有两条对称的短线，用来测量距离，称视距丝。分划板安装在分划板座上，并设有校正螺丝。

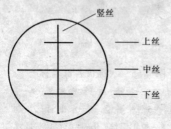

图 4-58　十字线分划板

十字线中央交点和物镜光心的连线（图 4-56 中 c-c 轴）叫视准轴，也叫视线。

为控制望远镜水平转动，使其能准确照准目标，在水准仪上装有一套制动和微动螺旋，它的构造见图4-59。拧紧制动螺旋，望远镜不能转动。此时如果转动微动螺旋，望远镜绕竖轴中心作水平微动。当松开制动螺丝时，微动螺旋就不起作用了。

B. 水准器·

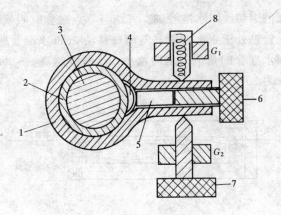

图 4-59　制动装置

1—制动套环；2—基座轴套；3—竖轴；4—制动片；

5—制动顶棍；6—制动螺丝；7—微动螺旋；8—微动弹簧

水准器有两种形式，一种叫水准盒，另一种叫水准管。

（A）水准盒

构造如图 4-60 所示，玻璃顶面圆圈的中心叫水准盒的零点。通过零点的球面法线叫水准盒轴线。当气泡居中时水准盒处于铅直位置水准盒轴安装成与仪器竖轴互相平行，当水准盒气泡居中，仪器也就处于铅垂位置。

水准盒的灵敏度较低，其角值为 $8' \sim 10'$，借助水准盒可以将仪器调到粗平。

（B）水准管

水准管是把一个内纵壁磨成圆弧形的玻璃管，管内装有酒精和乙醚的混合液，如图 4-61 所示。管的中心点叫零点。通过零

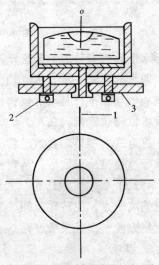

图 4-60　水准盒

1—水准盒轴；2—校正螺丝；3—固定螺丝

点作圆弧的纵切线叫水准管轴。气泡与零点对称时叫气泡居中，这时水准管轴处于水平位置。气泡每移动 2mm 水准管所倾斜的角度，叫水准管的角值，角值越小，灵敏度越高。S_3 级水准仪角值一般为 20″。

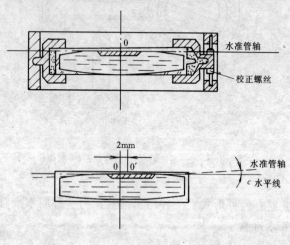

图 4-61　水准管

　　水准轴管安装成与望远镜视准轴互相平行。这样当气泡居中时，即水准管轴水平，视准轴也就处于水平位置。所以水准管轴与视准轴互相平行是水准仪构造上应具备的最重要条件。借助水准管可以将仪器调到精平。

　　符合式水准器是在水准管上方设一组符合棱镜，气泡两端的影像经过棱镜反射之后，从观察镜中观看，当两个半圆弧吻合时（图 4-62a）表示气泡居中。如果两个圆弧错开（图 4-62b）表示气泡偏离中点，应转动微倾螺旋，使气泡居中。符合式水准器不仅使用方便，而且灵敏度高。

　　C. 基座

　　基座主要由轴座、调平螺旋和连接板组成。起支承仪器、连接三角架及仪器初步调平作用。

　　D. 水准尺及读数方法

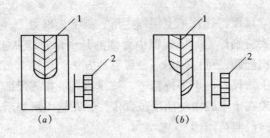

图 4-62　气泡调平影像

1—气泡影像；2—微倾螺旋

（A）水准尺

水准尺常用的有塔尺和双面板尺两种。塔尺多用在野外测量长度一般为 4～5m。它由两节或三节套接组成，图 4-63（a）所示。尺的底部为零点尺，面注有黑白相间的刻画，每一刻画为 0.5cm，每分米初注有数字。有的注正字，有的注倒字，分米位置有以字顶为准，有的以字底为准，读数时不要弄错。超过 1m 的注字在字顶加了红点。

双面板尺多用在三、四等水准测量，长度为 3m，两面都刻有刻划，尺的一面为红白相间，称红面；另一面为黑白相间，称黑面，如图 4-63（b）所示。每一刻划为 1cm，在分米处注字。尺的黑面均由零开始，而尺的红面由 4.687m 开始。在一根尺上黑红两面的刻划之差为一个常数，即 4.687m 或 4.787m。

（B）读数方法

通过望远镜在水准尺上的读数，是当视线水平时，十字线中丝所示的数值，如图 4-64 所示。读数顺序是由大到小读出米、厘米、毫米。现在多使用倒像望远镜，开始做测量工作的同志，不习惯读望

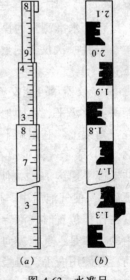

图 4-63　水准尺

（a）塔尺；（b）板尺

远镜中倒立尺面，往往把上误以为下，把下误以为上，致使数值读错。需要特别注意，望远镜中看到的是倒像，应从上往下读。如果你怕出问题，可以采用一种可靠的方法：扶尺人员站在尺的侧面，一手扶尺，一手平持铅笔，按观测人员指挥尺面上下移动铅笔，笔尖在十字线中丝照准位置停住，在笔尖所指示位置读取读数，并向观测员回读。

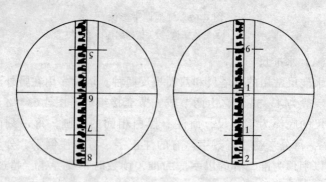

图 4-64　望远镜读数影像

（2）水准测量的操作程序

安置一次仪器测量两点间高差的操作程序和主要工作内容如下：

A. 仪器尽可能安置在两测点中间。打开三角架，高度适中，架头大致水平、稳固地架设在地面上。用连接螺栓将水准仪固定在三角架上。利用调平螺旋使水准盒气泡居中。调平方法：图 4-65（a）表示气泡偏离在 a 的位置上，首先按箭头指的方向同时转动调平螺旋 1、2，使气泡移到 b 点（图 4-65b），再转动调平螺旋 3，使气泡居中。再变换水准盒位置，反复调平，直到水准盒在任何位置时气泡皆居中为止。转动调平螺旋让水准盒气泡居中的规律是：气泡需向哪个方向移动，左手拇指就向哪个方向转动。若使用右手，拇指就按相反方向转动。

B. 读后视读书。

操作顺序为：立尺于已知高程点上→利用望远镜准星瞄准

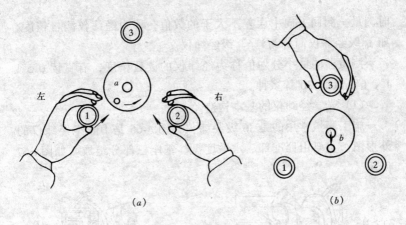

图 4-65　水准盒调平顺序

后视尺→拧紧制动螺丝→目镜对光，看清十字线→物镜对光，看清后视尺面→转动水平微动，用十字线竖尺照准尺中→调整微倾螺旋，让水准管气泡居中（观察镜中两个半圆弧相吻合）→按中丝所指位置读出后视精确读数→及时做好记录。读数后还应检查水准管气泡是否居中，如有偏离，应重新调整，重新读数，并修改记录。读数时要将物镜、目镜调到最清晰，以消除视差。

C.读前视读数

用望远镜照准前视尺，按后视读数的操作程序，读出前视读数。

D.做好原始记录。每一测站都应如实地把记录填写好，经简单计算、核对无误。记录的字迹要清楚，以备复查。只有把各项数据归纳完毕后，方能移动仪器。

10.经纬仪

光学经纬仪大都采用玻璃度盘和光学测微装置，它有读数精度高、体积小、重量轻、使用方便和封闭性能好等优点。经纬仪的代号为"DJ"，意为大地测量经纬仪。按其测量精度分为 J_2、J_6、J_{15}、J_{60} 等等级。角标 2、6、15、60 为经纬仪观测水平角方向时测量一测回方向中误差不大于的数值，称为经纬仪测量精度，如 J_6 级经纬仪简称为"6"级经纬仪。

测微器的最小分划值称为经纬仪的读数精度，有直读 0.5″、1″、6″、20″、30″等多种。

（1）光学经纬仪的基本构造

施工测量常用的是 J6 级经纬仪，图 4-66 是 DJ6 型经纬仪的外形图。主要由照准部、水平度盘、基座三部分组成，如图4-67所示。

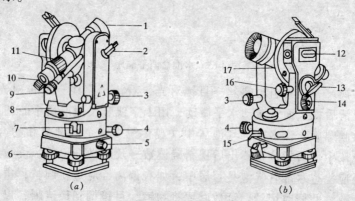

(a)　　　　　　　　　　　　(b)

图 4-66　经纬仪外形

1—望远镜物镜；2—望远镜制动螺旋；3—望远镜微动螺旋；4—水平微动螺旋；5—轴座连接螺旋；6—脚螺旋；7—复测器扳手；8—照准部水准器；9—读数显微镜；10—望远镜目镜；11—物镜对光螺旋；12—竖盘指标水准管；13—反光镜；14—测微轮；15—水平制动螺旋；16—竖盘指标水准管微动螺旋；17—竖盘外壳

A. 照准部

主要包括望远镜、读数装置、竖直度盘、水准管和竖轴。

（A）望远镜。望远镜的构造和水准仪的望远镜的构造基本相同，是照准目标用的。不同的是它能绕横轴转动横扫一个竖直面，可以测量不同高度的点。十字丝刻划板如图 4-68 所示，瞄准目标时应将目标夹在两线中间或用单线瞄准目标中心。

176

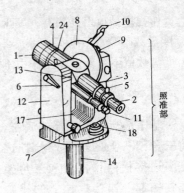
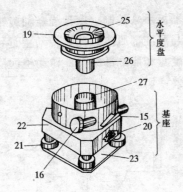

图 4-67　经纬仪组成部件

1—望远镜物镜；2—望远镜目镜；3—望远镜调焦环；4—准星；5—照门；6—望远镜固定扳手；7—望远镜微动螺旋；8—竖直度盘；9—竖盘指标水准管；10—竖盘水准管反光镜；11—读数显微镜目镜；12—支架；13—水准轴；14—竖直轴；15—照准部制动螺旋；16—照准部微动螺旋；17—水准管；18—圆水准器；19—水平度盘；20—轴套固定螺旋；21—脚螺旋；22—基座；23—三角形底板；24—罗盘插座；25—度盘轴套；26—外轴；27—度盘旋转轴套

（B）测微器。测微器是在度盘上精确的读取读数的设备，度盘读数通过棱镜组的反射，成像在读数窗内，在望远镜旁的读数显微镜中读出。不同类型的仪器测微器刻划有很大的区别，施测前一定要熟练掌握其读数方法，以免工作中出现错误。

（C）竖轴。照准部旋转轴的几何中心叫仪器竖轴，竖轴与水平度盘中心相重合。

（D）水准管。水准管轴与竖轴相垂直，借以将仪器调整水平。

B．水平度盘

水平度盘是一个由玻璃制成的环形精密度盘，盘上按顺时针方向刻有从 0°～360°的刻划，用来测量水平角。度盘和照准部的离合关系由装置在照准部上的复测

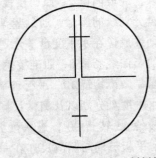

图 4-68　望远镜十字丝刻划板

177

器扳手来控制。度盘绕竖轴旋转。操作程序是扳上复测器，度盘与照准部脱离，此时转动望远镜，度盘数值变化；扳下复测器、度盘和照准部结合，转动望远镜，度盘数值不变。注意工作中不要弄错。

C. 基座

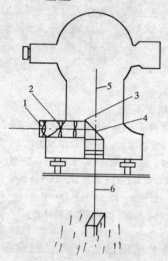

图 4-69　光学对中器光路图
1—目镜；2—刻划板；3—物镜；4—反光棱镜；5—竖轴轴线；6—光学垂线

基座是支撑照准部的底座。将三角架头上的连接螺栓拧进基座连接板内仪器就和三角架连在一起。连接螺栓上的线坠钩是水平度盘的中心，借助线坠可以将水平度盘的中心安置在所测角角顶的铅垂线上。

有的经纬仪装有光学对中器（图 4-69），与线坠相比，它有精度高和不受风吹干扰的优点。

仪器旋转轴插在基座内，靠固定螺丝连接。该螺丝切不可松动，以防因照准部与基座脱离而摔坏仪器。

图 4-70 中，光线由反光 1 进入，经玻璃窗 2、照明棱镜 3 转折 180°后再经过竖盘 4 后带着竖盘分划线的影像，通过竖盘照准棱镜 5 和显微物镜 6，使竖盘分划线成像在水平度盘 7 分划线的平面上。竖盘和水平度盘分划线的影像经场镜 8、照准棱镜 9 由底部转折 180°向上，通过水平度盘显微镜物镜 10、平行玻璃板 11、转向棱镜 12 和测微尺 13，使水平度盘分划以及测微尺同时成像在读数窗 14 上，再经过转向棱镜 15 转折 90°，进入读数显微镜，在读数显微镜中读取读数。平板玻璃与测微尺连在一起，由测微轮操纵绕同一轴转动，由于平板玻璃的转动（光折射），度盘影像也在移动，移动值的

大小，即为测微尺上的读数。

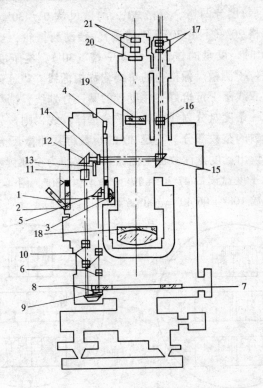

图 4-70　型经纬仪光路示意图

有的经纬仪没有复测扳手，而是装置了水平度盘变换手轮来代替扳手，这种仪器转动照准部时，水平度盘不随之转动。如要改变度盘读数，可以转动水平度盘变换手轮。例如，要求望远镜瞄准 p 点后水平度盘的读数为 0°00′00″，操作时先转测微轮，使测微尺读数为 00′00″，然后瞄准 p 点，再转动度盘变换手轮，使度盘读数为 0°，此时瞄准 p 点后的读数即为 0°00′00″。

（2）光学经纬仪的读数方法

A. 测微轮式光学经纬仪的读数方法

图 4-71 是读数显微镜内看到的影像，上部是测微尺（水平

角与竖直角共用），中间是竖直度盘，下部是水平度盘。度盘从 0°~360°，每度分两格，每格 30′，测微尺从 0′~30′，每分又分三格，每格 20″（不足 20″可以估读）。转动测微轮，当测微尺从 0′移到 30′时，度盘的像恰好移动一格（30′）。位于度盘像格内的双线及位于测微尺像格内的单线均称指标线。望远镜照准目标时，指标双线不一定恰好夹住度盘的某一分划线，读数时应转动测微轮使一条度盘分划线精确的平分指标双线，则该分划线的数值即为读数的整数部分。不足 30′的小数再从测微尺上指标线所对应位置读出。度盘读数加上测微尺读数即为全部读数。图4-71（a）是水平度盘读数 47°30′ + 17′30″ = 47°47′30″。图 4-71（b）是竖盘的读数 108° + 06′40″ = 108°06′40″。

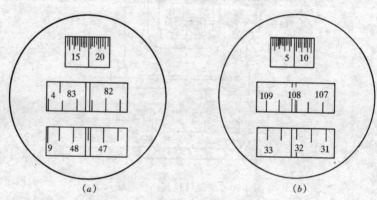

图 4-71　测微轮式读数窗影像

B. 测微尺式光学经纬仪读数方法

图 4-72 是从读数显微镜内看到的影像，上格是水平度盘和测微尺的影像，下格是竖盘和测微尺的影像水平度盘和竖盘上一度的间隔，经过放大后与测微尺的全尺相等。测微尺分 60 等分，最小分划值为 1′，小于 1′的数值可以估读。度盘分划线微指标线。读数时度盘度数可以从居于测微尺范围内的度盘分划线所注字直接读出，然后仔细看准度盘分划线落在尺子的哪个小格上，从测微尺的零至度盘分划线间的数值就是分数。图 4-73 中上格

水平度盘读数为 47°53′。下格竖盘读数微 81°05′。

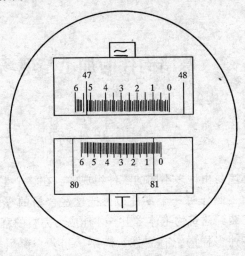

图 4-72 测微尺式读数窗影像

第五章 幕墙构件的加工与现场施工

第一节 幕墙构件的加工

玻璃幕墙是由许多不同的零件组成的。在整个生产过程，我们首先要加工制作每一个零件，再把这些合格的零件装配在一起，最后安装到建筑物主体之上，才能成为完整的幕墙。然而幕墙零件是多种多样的，有立柱、横梁、扣条、窗扇等型材类构件，有铝板、玻璃、石材等板块类构件，还有五金件、塑料件、密封件、标准件等等零配件。这些各式各样、性能各不相同的零构件使用不同的原材料、用不同的工艺方法制造出来的。在通常情况下，幕墙生产企业并不制造全部零构件，仅仅加工制造型材类、板块类（有的小企业此类零件也不生产）零件，其他各种零配件和附件均为外购件。

一、下料切割作业

幕墙工程当中常用的金属材料有：铝合金板材、铝合金型材、普通钢板、各种型钢、不锈钢板和不锈钢型材。它们的切割下料方法如下：

（1）铝合金板材的常用下料方法有剪板机、冲床、电动往复锯、电圆锯、等离子切割机、手动钢锯等。其中剪板机、冲床、等离子切割机多用于工厂内，剪板机主要用于工厂规模生产中的批量下料；冲床主要用于工厂规模生产中的各种转角位置，各种凸凹位置，各种孔位的加工；等离子切割机常用于工厂下料时不方便使用冲床，而剪板机又满足不了的各种弧线、折线的切割下料；而电动往复锯、电圆锯、手动钢锯即主要用于现场临时局部性的修改加工。

（2）铝型材的常用下料方法有大型型材切割机和普通型材切割机。大型型材切割机主要用于工厂内的规模生产下料，用于施工现场下料的是普通型材切割机；普通型材切割机是一种多用途的高速切割工具，当它装上硬质合金锯后便可用于铝型材、塑料、木材的切割下料。

（3）普通钢板的下料方法主要有剪板机、自动乙炔切割和手动乙炔切割、等离子切割等。工厂内的下料方法主要有剪板机、自动乙炔切割、手动乙炔切割和等离子切割，而用于现场切割下料主要是手动乙炔切割。

（4）普通型钢的下料方法通常有手动乙炔切割和普通型材切割机两种方法。而此时的普通型材切割机需换上砂轮片方可进行，手动乙炔切割既可用于工厂内的下料，也可用于现场的施工下料；而普通型材切割机主要用于现场的下料。

（5）不锈钢板材的常用下料方法有剪板机、冲床和等离子切割机。不锈钢板材的切割下料通常在工厂内进行。幕墙工程所用的不锈钢型材与工业用的不锈钢型材不同，其厚度一般比较薄，常用的下料方法一般为装上砂轮片的普通型材切割机和等离子切割机。同样，不锈钢型材的切割下料通常在工厂内进行。

（一）铝型材下料切割作业

1. 准备

（1）工作者应穿戴好劳保用品，如工作服、防护眼镜、耳塞和手套等。

（2）认真阅读图纸及工艺卡片，了解其要求。如有疑问，应及时向班长提出。

（3）准备好量具（卷尺、游标卡尺和万能角度尺等）和调整设备的工具。

2. 检查设备

（1）检查冷却液。冷却液量足够，喷嘴不堵塞且喷液量适中。

（2）调整锯片进给量，应与材料切割要求相符。

（3）检查安全防护装置，应灵敏可靠。

3. 下料操作工艺

（1）检查材料，其形状及尺寸应与图纸相符，表面无严重擦伤、划伤等缺陷。

（2）放置材料并调整夹具，要求夹具位置适当，夹紧力度适中。材料不能有翻动，放置方向及位置符合要求。

（3）当天切割第一根料时应预留 10～20mm 的余量，检查切割质量及尺寸精度，调整机器达到要求后才能进行批量生产。

（4）产品自检。每次移动刀头后进行切割时，工作者须对首件产品进行检测，产品须符合以下质量要求：（注：首件一般指开始生产的第一件产品或半成品）

1）无严重擦伤、划伤等缺陷。

2）长度尺寸允许偏差:立柱：±1.0mm;横梁：±0.5mm。

3）端头斜度 α 允许偏差： $-15'～0$。

4）截料端不应有明显加工变形和毛刺。

（5）如产品自检不合格时，应进行分析，如系机器或操作方面的问题，应及时调整或向有关人员反映。

（6）首件检测合格后，则可进行批量生产。

4. 工作后

（1）工作完毕，并对设备进行清扫，在导轨等部位涂上防锈油。

（2）关机。关闭机器上的电源开关，拉下电源开关，关闭气阀。

（3）及时填写有关记录。

（二）铝板下料作业

（1）按规定穿戴整齐劳动保护用品（工作服、鞋及手套）。

（2）认真阅读图纸，理解图纸，核对材料尺寸。如有疑问，应立即向负责人提出。

（3）按操作规程认真检查铝板机各紧固件是否紧固，各限位、定位档块是否可靠。空车运行两三次，确认设备无异常情况。否则，应及时向负责人反映。

（4）将待加工铝板放置于料台之上，并确保铝板放置平整，根据工件的加工工艺要求，调整好各限位、定位档块的位置。

（5）进行初加工，留出 3~5mm 的加工余量，调整设备使加工的位置、尺寸符合图纸要求后再进行批量加工。

（6）加工好的产品应按以下标准和要求进行自检：

1）长宽尺寸允许偏差：

单层板　　长边≤2m 时，3.0mm；　　　长边>2m 时，3.5mm。

复合板　　长边≤2m 时，2.0mm；　　　长边>2m 时，3.0mm。

蜂窝板　　长边≤2m 时，1.0mm；　　　长边>2m 时，2.5mm。

2）对角线偏差要求：

长边≤2m 时，±3.0mm；

长边>2m 时，±3.5mm。

3）铝板表面应平整、光滑，无肉眼可见的变形、波纹和凹凸不平；

4）检查频率：批量生产前 5 件产品全检，批量生产中按 5%的比例抽检。

（7）下好的料应分门别类地贴上标签，并分别堆放好。

（8）工作结束后，立即切断电源并清扫设备及工作场地，做好设备的保养工作。

二、冲切作业

（一）准备

操作者作业前，须穿戴好工作服、保护眼镜及耳塞等劳保用品，准备好卷尺和游标卡尺等量具及调整设备的工具。同时，应认真阅读图纸及工艺卡片，了解其要求。如有疑问，应及时向负责人提出。

（二）检查设备

（1）检查冷却液及润滑状况，润滑状况良好，冷却液满足要求。

（2）检查冲模和冲头安装应能准确定位且无松动。

（3）开机试运行，检查是否运行正常。

（三）加工操作工艺

（1）选择符合加工要求的冲模和冲头，安装到机器上，并调整好位置，同时调整冷却液喷嘴的方向。

（2）检查材料。材料形状尺寸应与图纸相符，并检查上道工序的加工质量，包括尺寸精度及表面缺陷等应符合质量要求。

（3）装夹材料。材料的放置应符合加工要求。

（4）加工。初加工时先用废料加工，然后根据需要调整刀具位置直至符合要求，才能进行批量生产。

（5）每批料或当天首次开机加工的首件产品工作者须自行检测，产品须符合以下质量要求：

无严重擦伤、划伤等表面缺陷。

无严重毛刺。

榫长及槽宽允许偏差为 0～0.5mm，定位偏差允许 ±0.5mm。

（6）如产品自检不合格时，应进行分析，如系机器或操作方面的问题，应及时调整或向设备工艺室反映。对不合格品应进行返修，不能返修时应向负责人汇报。

（7）产品自检合格后，方可进行批量生产。

（四）工作后

（1）工作完毕，对设备进行清扫，在导轨等部位涂上防锈油。

（2）关机。关闭机器上的电源开关，拉下电源开关，关闭气阀。

（3）及时填写有关记录。

三、钻孔作业

（一）准备

操作者作业前，须穿戴好工作服及保护眼镜等劳保用品（严禁戴手套作业），准备好卷尺和游标卡尺等量具及调整设备的工具。同时，认真阅读图纸及工艺卡片，了解其要求。如有疑问，应及时向负责人提出。

（二）检查设备

（1）检查润滑状况及冷却液量。

（2）检查电机运转情况。

（3）开机试运转，应无异常现象。

（三）加工操作工艺

（1）检查材料。材料形状尺寸应与图纸相符，并检查上道工序的加工质量，包括尺寸及表面缺陷等。

（2）放置材料并调整夹具。夹具位置适当，夹紧力度适中；材料不能有翻动，放置位置符合加工要求。

（3）调整钻头位置、转速、下降速度以及冷却液的喷射量等。

（4）加工。初加工时下降速度要慢，待加工无误后方能进行批量生产。

（5）每批料或当天首次开机加工的首件产品工作者须自行检测，产品须符合以下质量要求：

无严重擦伤、划伤等表面缺陷。

毛刺不大于 0.2mm。

孔位允许偏差为 ±0.5mm，孔距允许偏差为 ±0.5mm，累计偏差不大于 ±1.0mm。

（6）如产品自检不合格时，应进行分析，如系机器或操作方面的问题，应及时调整或向设备工艺室反映。对不合格品应进行返修，不能返修时应向负责人汇报。

（7）产品自检合格后，方可进行批量生产。

（四）工作后

（1）工作完毕，对设备进行清扫，在导轨等部位涂上防锈油。

（2）关机。关闭机器上的电源开关，拉下电源开关，关闭气阀。

（3）及时填写有关记录。

四、锣榫加工作业

（一）准备

操作者作业前，须穿戴好工作服、保护眼镜及耳塞等劳保用品，准备好卷尺和游标卡尺等量具及调整设备的工具。同时，应认真阅读图纸及工艺卡片，了解其要求。如有疑问，应及时向负责人提出。

（二）检查设备

（1）检查冷却液及润滑状况，润滑状况良好，冷却液满足要求。

（2）检查铣刀安装装置，应能准确定位且无松动。

（3）检查定位装置，应无松动。

（4）开机试运转，检查刀具转向是否正确，机器运转是否正常。

（三）加工操作工艺

（1）选择符合加工要求的铣刀，安装到机器上，并调整好位置，同时调整冷却液喷嘴的方向。

注意：刀具定位装置要锁紧，以免刀具走位造成加工误差。

（2）检查材料。材料形状尺寸应与图纸相符，并检查上道工序的加工质量，包括尺寸精度及表面缺陷等应符合质量要求。

（3）装夹材料。材料的放置应符合加工要求。

（4）加工。初加工时应有 2～3mm 的加工余量，或先用废料加工，然后根据需要调整刀具位置直至符合要求，才能进行批量生产。

（5）每批料或当天首次开机加工的首件产品工作者须自行检测，产品须符合以下质量要求：

无严重擦伤、划伤等表面缺陷。

无严重毛刺。

榫长及榫宽允许偏差为 –0.5～0mm，定位偏差允许 ±0.5mm。

（6）如产品自检不合格时，应进行分析，如系机器或操作方面的问题，应及时调整或向设备工艺室反映。对不合格品应进行返修，不能返修时应向负责人汇报。

（7）产品自检合格后，方可进行批量生产。

（四）工作后

（1）工作完毕，对设备进行清扫，在导轨等部位涂上防锈油。

（2）关机。关闭机器上的电源开关，拉下电源开关，关闭气阀。

（3）及时填写有关记录。

五、铣加工作业

（一）准备

操作者作业前，须穿戴好工作服及保护眼镜等劳保用品（严禁戴手套操作），准备好卷尺和游标卡尺等量具及调整设备的工具。同时，应认真阅读图纸及工艺卡片，了解加工要求。如有疑问，应及时向负责人提出。

（二）检查设备

（1）检查设备润滑状况，应符合要求。

（2）冷却液量应足够。

（3）开机试运转，设备应无异常。

（三）加工操作工艺

（1）按加工要求选择刀具（及仿形铣的模板），安装到设备上。

（2）检查材料。材料形状尺寸应与图纸相符，并检查上道工序的加工质量，包括尺寸精度及表面缺陷等应符合质量要求。

（3）调整铣刀行程及喷嘴位置。

（4）加工。初加工时应先用废料加工或留有 $1 \sim 3mm$ 的加工余量，然后根据需要进行调整，直至加工质量符合要求，才能进行批量生产。

（5）每批料或当天首次开机加工的首件产品，工作者须自行检测，产品须符合以下质量要求：

无严重擦伤、划伤等表面缺陷。

无严重毛刺。

孔位允许偏差为±0.5mm，孔距允许偏差为±0.5mm，累计偏差不大于±1.0mm。槽、豁的长、宽尺寸允许偏差为：0～+0.5mm,定位偏差允许±0.5mm。

（6）如产品自检不合格时，应进行分析，如系机器或操作方面的问题，应及时调整或向设备工艺室反映。对不合格品应进行返修，不能返修时应向负责人汇报。

（7）产品自检合格后，方可进行批量生产。

（四）工作后

（1）工作完毕，对设备进行清扫，在导轨等部位涂上防锈油。

（2）关机。关闭机器上的电源开关，拉下电源开关，关闭气阀。

（3）及时填写有关记录。

六、组角作业

（1）认真阅读图纸，理解图纸，核对框（扇）料尺寸。如有疑问，应立即向负责人提出。

（2）选择合适的组角刀具，并牢固安装在设备上。

（3）调整机器，特别是调整组角刀的位置和角度。挤压位置一般距角50mm，若不符，则调整到正确位置。

（4）空运行1～3次，如有异常，应立即停机检查，排除故障。

（5）检查各待加工件是否合格，是否已清除毛刺，是否有划伤、色差等缺陷，所穿胶条是否合适。

（6）组角（图纸如有要求，组角前在各连接处涂少量窗角胶，并在撞角前再在角内垫上防护板），并检测间隙。

（7）组角后应进行产品自检。每次调整刀具后所组的产品首件，产品工作者须自行检测，产品须符合以下质量要求：

对角线尺寸偏差：

长边≤2m：≤2.5mm。

长边＞2m：≤3.0mm。

接缝高低差：≤0.5mm。

装配间隙：≤0.5mm。

对于较长的框（扇）料，其弯曲度应小于公司的规定，表面平整，无肉眼可见的变形、波纹和凹凸不平。

组装后框架无划伤，各加工件之间无明显色差，各连接处牢固，无松动现象。整体组装后保持清洁，无明显污物。

（8）产品质量不合格，应返修。如系设备问题，应向有关人员反馈。

（9）工作结束后，切断电（气）源，并擦洗设备及清扫工作场地，做好设备的保养工作。

（10）及时填写有关记录。

七、玻璃裁划及磨边

玻璃的裁边不仅对幕墙的质量而且在经济方面有重大的影响，尤其是采用镀膜玻璃时更为明显，一块镀膜玻璃（2.4m×3.3m）就有 $8m^2$，价值几千元，一旦不当心，损坏一块就要损失几千元，因此正确的确定玻璃裁划工艺是一件至关重要的事。

玻璃的切断与一般利用刀或剪之类的切断概念是不同的，玻璃的切断是由刀具造成细微的伤口，然后再进行折断。玻璃切断的原理：在平板玻璃的表面压紧

图 5-1　玻璃内部产生三条裂缝

刀具一拉，就在玻璃的表面留下一条刻痕，这时玻璃内部产生三条裂缝（图5-1），其中两条沿表面左右分开，另一条向垂直下方伸展。这三条裂缝中相当于伞柄的竖向裂缝称为"竖缝"，在"竖缝"的端部发生拉应力，玻璃就容易分开，再加上曲折的力，竖缝向下伸展出去，便可把玻璃切断。由于"竖缝"是切断玻璃的重要因素，所以它是否能垂直地伸展到适当深度（0.2～0.4mm）是决定能否切断的关键。

（1）切断方法

玻璃切断可采用机裁也可以采用手裁。

1）机裁使用各种型号的玻璃裁切机，它包括一座切断作业平台与一组吸盘机械手。吸盘机械手将置于作业平台一侧的玻璃安放在作业平台上，平台上装有机动刀具架及计量刻度尺等，将机台刀具调整到需裁划尺寸的刻度位置，打开刀具运动器开关，刀具就在规定的位置上划上刻痕再折断，用机械手将裁划好的玻璃从作业台上取下，放置在台侧指定的位置上。机裁的优点是玻璃的长、宽及对角线尺寸的偏差较小，由于刀具的角度正确，切断质量较高，适用于简单规格大批量生产。如果多规格小批量生产，由于调试费时，功效就难以发挥。

2）手裁设置切断作业平台，该平台要有适当高度并具有水平的台面，上面要铺保护玻璃的厚布（毡），并扫清台面上的砂和玻璃屑，由人工将玻璃轻放在台面上，用钢尺量好切断尺寸，在切断部位放上直尺，沿切断线涂上煤油，用刀具在玻璃上划上刻痕。划痕时金刚钻要和刀具运行的方向一致，刀具不得倾斜，要正确地保持在垂直面内（图5-2）。"竖缝"如果刻得正确，在刻痕两侧均匀加力折弯。在"竖缝"刻好后要尽快折弯，因为刻在玻璃上的刻痕，横的裂缝要随时间的推延，向抵抗力弱的玻璃表面发展，把表面剥去，这样"竖缝"前端的拉应力减弱，玻璃就比较难切断了。手工裁面如果控制不好，长宽尺寸，尤其是对角线很难控制在规定允许偏差范围内，不过手工裁划机动灵活，尤其对套裁玻璃特别方便。

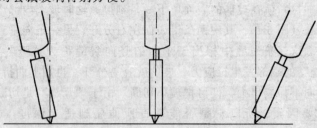

图 5-2　刀具在玻璃上刻痕

（2）玻璃切断允许偏差见表 5-1

玻璃切断允许偏差　　　　　　　　　表 5-1

项　　目		允许偏差
长宽尺寸（mm）	≤2000	±0.5
	>2000	±1
对角线差（mm）	≤2000	1
	>2000	1.5

（3）玻璃裁划后，应用专用磨边机磨边，消除玻璃周边隐藏的细微裂纹，这些裂纹在各种作用效应与热应力影响下，会扩展成裂缝，同时边角的棱角会伤手，增加下道工序操作麻烦。

（4）玻璃边缘质量如图 5-3 所示。

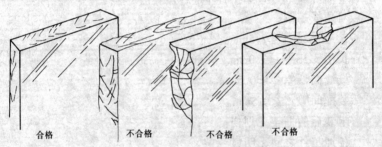

合格　　　　不合格　　　　不合格　　　　不合格

图 5-3　玻璃边缘质量

八、门窗组装作业

（1）按规定穿戴整齐劳动保护用品（劳动服、鞋及手套）。

（2）认真阅读图纸，理解图纸，核对下料尺寸。如有疑问，应及时向负责人提出。

（3）准备风批、风钻等工具，检查组角机，发现问题应及时向负责人反映。

（4）清点所用各类组件（包括标准件、多点锁等），并根据具体情况放置在相应的工作地点。

（5）检查各类加工件是否合格，是否已清除毛刺，是否有划伤、色差等缺陷。

（6）对照组装图，先对部分组件穿胶条。

（7）配制相应的框料或角码。

（8）按先后顺序由里至外进行组装。

（9）组角（组角前在各连接处涂少量窗角胶，并在撞角前再在窗角内垫上防护板）。

（10）焊胶条（参见焊胶条安装作业）。

（11）装执手、绞链等配件。

（12）装多点锁（参见多点锁安装作业）。

（13）在接合部、工艺孔和螺丝孔等防水部位涂上耐候胶以防水渗漏。

（14）产品自检。工作者应对组装好的产品进行全数检查。组装好的产品应符合以下标准：

对角线控制：

长边≤2m：≤2.5mm。

长边＞2m：≤3.0mm。

接缝高低差：≤0.5mm。

装配间隙：≤0.5mm。

组装后的框架无划伤。

各加工件之间无明显色差。

多点锁及各五金件活动自如，无卡住等现象。

各连接处牢固，无松动现象。

各组件均无毛刺、批锋等。

密封胶条连接处焊接严实，无漏气现象。

对于较长的框（扇）料，其弯曲度应小于规定，表面平整，无肉眼可见的变形、波纹和凹凸不平。

整体组装后保持清洁，无明显污物。

（15）对首件组装好的窗扇（或门扇）须进行防水检验。

（16）组装好的产品应分类堆放整齐，并进行产品标识。

（17）工作结束后，立即切断电（气）源，并擦拭设备及清扫工作场地，做好设备的保养工作。

（18）出现以下问题时应及时处理：

1）加工件毛刺未清、有划伤或色差较大：返修或重新下料制作。

2）对角线尺寸超差：调整或返修。

3）组角不牢固：调整组角机或反馈至设备工艺室进行处理后再进行组角。

4）锁点过紧：调整多点锁紧定螺丝或锉修滑动槽。

5）连接处间隙过大：返修或在缝隙处打同颜色的结构胶。

6）漏水。进行调整，直到合格为止，然后按已经确认合格的产品的组装工艺进行组装。

（19）工作完毕，及时填写有关记录并清扫周围环境卫生。

九、铝板组件制作

（1）按规定穿戴整齐劳动保护用品（工作服、鞋及手套）。

（2）认真阅读图纸，理解图纸，核对铝板组件尺寸。

（3）检查风钻、风批及风动拉铆枪是否能够正常使用。

（4）检查组件（包括铝板、槽铝、角铝等加工件）尺寸、方向是否正确、表面是否有缺陷等。

（5）将铝板折弯，达到图纸尺寸要求。

（6）在槽铝上贴上双面胶条，然后按图纸要求粘贴在铝板的相应位置并压紧。

（7）用风钻配制铝板与槽铝拉铆钉孔。

（8）用风动拉铆枪将铝板和槽铝用拉铆钉拉铆连接牢固。

（9）将角铝（角码）按图纸尺寸与相应件配制并拉铆连接牢固。

（10）工作者须按以下标准对产品进行自检。

1）复合板刨槽位置尺寸允差 ±1.5mm，刨槽深度以中间层的塑料填充料余留 0.2 ~ 0.4mm 为宜；单层板折边的折弯高度差允许 ±1mm。

2）长宽尺寸偏差要求：

单层板　长边≤2m 时，3.0mm；长边＞2m 时，3.5mm。

复合板：长边≤2m 时，2.0mm；长边 >2m 时，3.0mm。

蜂窝板：长边≤2m 时，1.0mm；长边 >2m 时，2.5mm。

3）对角线偏差要求：

长边≤2m 时，±3.0mm；

长边 >2m 时，±3.5mm。

4）角码位置允许偏差 1.5mm，且铆接牢固。

5）铝板表面应平整、光滑，无肉眼可见的变形、波纹和凹凸不平，铝板无严重表观缺陷和色差。

（11）出现以下问题时，工作者应及时处理，处理不了时立即向负责人反映。

1）长宽尺寸超差：返修或报废。

2）对角线尺寸超差：调整、返修或报废。

3）表面变形过大或平整度超差：调整、返修或报废。

4）铝板与槽铝或角铝铆接不实：钻掉重铆，铆接时应压紧。

5）组角间隙过大：挫修、压实后铆紧。

（12）工作完毕，应清理设备及清扫工作场地，做好工具的保养工作。

十、焊胶条（热焊）作业

（1）先预热电烙铁。

（2）检查胶条的形状及尺寸是否与图纸相符。

（3）检查胶条在框料槽内的松紧程度是否合适。

（4）检查胶条的长度，应不小于框料的长度。

（5）用预热电烙铁将待焊胶条两端热熔后，迅速将熔化的相邻胶条挤压严实粘合。

（6）焊后的胶条应连接严密、牢固。

（7）胶条连接处应光滑，无明显凸起或凹坑。

（8）工作完毕应及时关闭电烙铁的电源，并打扫环境卫生。

十一、清洁及粘框作业

（一）检查金属框与玻璃质量

认真阅读、理解图纸，核对玻璃、框料及双面胶条的尺寸是否与图纸相符。如有疑问，应立即向负责人提出，并检查金属框尺寸及制作质量和玻璃裁划及磨边质量。

检查上道工序的产品质量：无严重的接缝高低差与间隙。

检查过程中如发现问题，应及时处理，解决不了时，应立即向负责人反映。

（二）净化

净化是结构玻璃装配生产最关键工序，也是隐框玻璃幕墙达到可靠度的最重要保证条件。隐框玻璃幕墙的破坏主要是粘结失效造成的，隐框玻璃幕墙是否安全可靠取决于粘结的可靠，而净化工艺的认真贯彻是保证粘结质量的关键，只有对基材表面认真按工艺要求进行净化，才能制造出具有规定可靠度的结构玻璃装配组件。

1. 净化材料

对油性污渍：二甲苯或甲、乙酮；

对非油性污渍：异丙醇、水各 50% 的混合剂。

将清洁剂倒置进行观察，应无混浊等异常现象后方可使用。

2. 净化方法

用"干湿布法"（或称"二块布法"）清洁框料和玻璃：将合格的清洁剂倒入干净的白布后，先用沾有清洁剂的白布清洁粘贴部位，接着在溶剂未干之前用另一块干净的白布将表面残留的溶剂、松散物、尘埃、油渍和其他脏物清除干净。禁止用抹布重复沾入溶剂内，已带有污渍的抹布不允许再用。

将溶剂倒（挤）在一块抹布上，对基材表面进行擦抹，在溶解了污渍的溶剂未挥发前，用一块干净的抹布将溶解了污渍的溶剂擦抹干净（如果这块抹布已脏要再换一块干净的抹布）。不能在溶剂挥发后再擦，因为溶剂挥发后，污渍仍残留在基材表面，干抹布是擦不掉的。

抹布要用不脱色，不脱绒的棉布，同时要注意溶剂只能倒（剂）到抹布上，不能用抹布到容器内去蘸溶剂，以防止已沾有污渍的抹布污染了溶剂。

净化后 10～15min 内要立即进行涂胶，因为如净化后停留的时间太久，基材表面又会受到周围环境中污染物（如灰尘）的污染，这时要重新净化后才能涂胶。撕除框料上影响打胶的保护胶纸。

（三）粘贴双面胶条

在框料的已清洁处粘贴双面胶条。

（1）将玻璃与框对正，然后粘贴牢固。

（2）玻璃与铝框偏差 ≤1mm。

（3）玻璃与框组装好后，应分类摆放整齐。

（4）粘好胶条及玻璃后因设备等原因未能在 30min 内注胶，应取下玻璃及胶条，重新清洁后粘胶条和玻璃，然后才能注胶。

（5）工作完毕清扫场地。

（四）定位

结构玻璃装配组件的玻璃要固定在铝框的规定位置上，这就要求两者的位置通过定位来确定，以保证两者的基准线重合（偏差小于 1mm）。定位一般采用定位夹具进行，在一座搁置一定高度的平台上，沿平台一组相邻边设高约 100mm 的挡板，作为玻璃的定位基准，平台面上装置铝框定位夹具，按预定玻璃与铝框的设计位置，将铝框固定在平台上，按设计位置将垫条粘贴在铝框上，使玻璃沿挡板落下，达到两者基准线重合。玻璃要做到一次定位成功，不能在定位不准时移动玻璃，因为玻璃一旦与垫条接触，垫条上的不干胶已粘上玻璃，在这层不干胶上涂结构密封胶不能保证其与玻璃粘结牢固，如果已沾上，要重新净化后再涂胶。玻璃定位后形成以玻璃与铝型材为侧壁、垫条为底的空腹，其尺寸应与胶缝宽、厚尺寸一样。

十二、注结构密封胶作业

注结构密封胶作业是指将玻璃用密封胶固定到铝合金框上的生产全过程，它应在干净的车间内进行制作。

（一）注胶作业一般规定

（1）准备。将涂胶处周围 5cm 左右范围的铝型材或玻璃表面用不沾胶带纸保护起来，防止这些部位受胶污染。如果这些部位被胶污染后，用溶剂擦洗时，溶剂会渗入结构胶与基材结合部位而损害结构胶与基材的粘接。

（2）对结构密封胶进行三核对（对品种、对牌号、对生产日期即储存日期），错用结构密封胶事故时常发生，必须引起高度重视。不同牌号结构密封胶的胶缝厚度是不同的，如果需要代用，应由设计人员计算后重新确定厚度。

（3）注胶。将单组份结构密封胶或经按比例配合并充分搅拌均匀的双组份结构密封胶，注入以玻璃和铝型材为侧壁、以垫条为底板的空腔。注胶时要保持适当地速度，使空腔内的空气排出，防止空穴，并将压缩空气挤胶时的空气排出，防止胶缝内残留气泡。注胶速度要均匀，不要忽快忽慢，保持胶缝饱满，一个组件注胶结束，立即用刮刀或空胶筒尾部将胶缝压实刮平。

（4）在注胶过程要根据检验规则规定的批量和数量，按随机抽样的原则留制检验样品：

1）剥离试验样品。一块 40cm×5cm 的基材（铝型材料或玻璃）用抽样时的溶剂和工艺净化表面后，用抽样时的密封胶在基材表面注堆 20cm×1.5cm×1.5cm 胶体。

2）切开试验样品。在玻璃基材上，用抽样时密封胶注堆 15.3cm×7.7cm×0.65cm～1.3cm 胶体。以上两种样品制好后和组件一起养护。

3）双组份密封胶还要进行扯断试验与蝴蝶试验。

A. 扯断实验。用于检查双组份密封基胶与固化剂配合比，是在一只小杯中装大约 3/4 深度的已混合的密封胶，用一根棒（或舌状压片）插入结构胶中，每隔 5min 从结构胶中拔出该棒，如果结构胶被扯断就说明胶体已达到扯断时间，记录每次拔棒时间及扯断时间，正常扯断时间应是 20～45min。如果实际扯断时间不在上述时间范围内，说明基胶与固化剂配比有问题。

B. 蝴蝶试验。将已混合的双组份密封胶挤一堆（约 $D=$

2cm、高1.5cm）于一张白纸上，并将纸沿胶堆中心折叠，用两只手的大拇指和食指将胶堆压平到3cm左右厚，打开纸检查胶体，如出现白色条纹和白色斑点，说明密封胶还未充分混合，还不能用于注胶；如果颜色均匀，无白色条纹和白色斑点说明密封胶已充分混合，可用于注胶，在生产过程中，要将蝴蝶试验编号记录，即每天开机后先射出约200ml后，作蝴蝶试验，合格后注胶。中途停止时应记录本批起止组件编号，重新开机又要再做蝴蝶试验，合格后再注胶，并记录组件起止编号，连同已编号蝴蝶试验样本存入档案。对每件组件，净化工与注胶工均应在铝框上，用钢印打上自己的工号并列入生产记录。

（5）养护。组件注完胶后应立即移至养护场进行养护。双组份结构密封胶静置3~5天后、单组份结构密封胶静置7天后才能运输，养护环境要求温度为23±5℃，相对湿度为70%±5%。如果养护环境达不到以上标准将影响固化效果。

养护时堆放方法有两种，一种是架子搁置，每块搁一格，组件与组件脱离，这需要大量架子而且组件规格常变动，架子要经常随之修改；另一种是组件叠放，每块组件用4个等边立方体泡沫塑料块垫于下一层组件上，叠高不宜超过7层，要求立方体尺寸偏差≤0.5mm，否则就会搁置不平。

注胶的组件要在规定环境中养护，时间到后应先将检查试验样品，即将样品中部切开，观察切开胶体，如果是闪光的表面，则密封胶尚未完全固化；如果是平整或暗淡的表面则已完全固化。若检查发现未完全固化，说明胶的质量有问题（此批组件完全报废），切开试验应做好记录，并列入档案。组件在未完全固化前不能挪动，避免胶缝产生活动，影响胶的固化，胶完全固化后可将组件移到存放场地继续养护到14~21天，使其完全粘接，此时才可运往工地组装。

21天后对剥离试验样品进行剥离试验，方法是在胶样一头，用刀在胶体厚度中部切开长5cm切口，用手捏住切头，用>90°的角度向后撕扯，只允许沿胶体撕开，如果发现胶体与基材剥离，则剥离试验不合格，此批组件判为不合格品。

（6）清洗污渍。将组件表面胶污渍用二甲苯（甲、乙酮）清洗干净。操作时在离胶缝5cm范围内切忌使用溶剂（此范围用胶带保护在注胶后将胶带纸撕去），避免溶剂伤害胶缝粘接性。

（7）检查组件质量。要求做到结构胶充满空腔，粘接牢固，胶缝平整，整洁光滑，胶缝处无胶污渍，胶缝固化后金属框翘曲不大于1mm，组件运往工地时应装箱。装箱时每个组件间应用光滑有弹性薄片材料隔离，组件与箱体之间要塞紧，以保证在运输过程中不损坏。

组件尺寸允许偏差见表5-2。

组件尺寸允许偏差　　　　表 5-2

项　　目		允许偏差值（mm）
组件对角线（mm）	≤2000	≤2.5
	>2000	≤3.5
胶缝宽度		+1.0 0
胶缝厚度		+0.5 0
铝框与玻璃定位基准线错位		≤1.0
铝框与玻璃边的距离尺寸允许偏差		≤1.5

（二）操作要点

（1）注胶房内应保持清洁，注胶环境温度在5～30℃之间，湿度在45%～75%之间。

（2）按规定穿戴整齐劳动保护用品（工作服、劳保鞋及手套）。

（3）开机试运转，管路及接头无泄漏或堵塞，出胶、混胶均正常，无其他异常现象。

（4）检查上道工序质量。玻璃与铝框位置偏差应为≤1mm，双面粘胶不走位，框料及玻璃的注胶部位无污物。

（5）清洁粘框后须在60min内注胶，否则应重新清洁粘框。

（6）确认结构胶和清洁剂的有效使用日期。

（7）配胶成分应准确，白胶与黑胶的重量比例一般为 12:1（或按结构胶的要求确定比例），同时进行"蝴蝶试验"及拉断试验，符合要求后方可注胶。

（8）注胶过程中应时刻观察胶的变化，应无白胶或气泡。

（9）注胶后应及时刮胶，刮胶后胶面应平整饱满，特别注意转角处要有棱角。

（10）出现以下问题时，应及时进行处理：

1）出现白胶：应立即停止注胶，进行调整。

2）出现气泡：应立即停止注胶，检查设备运行状况和黑、白胶的状态，排除故障后方可继续进行。

（11）工作完毕或中途停机 15min 以上，必须用白胶清洗混胶器。

（12）及时填写"注胶记录"。

（13）清洁环境卫生。

十三、幕墙结构胶施工的质量控制

隐框幕墙结构胶属于结构粘接，即结构胶不仅起密封作用，而且承受结构的荷载。因此这一工序是非常重要的关键工序。隐框幕墙加工的成败，安全的保证，均在于这一工序是否能完全按工艺规程执行，是质量控制的重点部位。

质量控制的内容：

（1）人员培训：凡参与此项工序的人员均须经过专门的培训，掌握本职工作的知识、操作方法，并经实际操作考核合格后持证上岗操作。

（2）各项机械设备处于完好状态，特别是双组份结构胶所用的注胶机必须是完好的。各类仪表完好无损，胶枪擦拭干净，运转时各部位压力均在正常范围方可施工。

（3）所用的材料均须符合要求，玻璃、型材、双面胶带、发泡填充垫杆均须经相溶性试验，有合格的实验报告，结构胶必须在有效期内，超期的胶不能用于结构性粘接。所使用的溶剂及其他材料均须符合工艺规程规定，不得任意代用。

（4）操作方法应严格按工艺规程执行，控制的重点是操作步骤、方法、清洗、放置、原始记录、固化时间。

（5）结构胶施工对环境有下列要求：

首先注胶应在净化的操作间进行，不允许在开敞的有灰尘的场合下操作。其次环境的温度应在 23±5℃，相对湿度在 70%±5% 之间，粘接和存放的房间都要满足这一要求。粘接好的零件应水平放置 21 天可以上墙安装（固化期内温度达不到 25℃ 应延长至 30 天或做切开试验证明完全固化方可使用）。

第二节　幕墙的现场施工

一、幕墙现场施工工艺

这里对幕墙的施工工艺作一个简单的描述，简单的工艺流程描述如下：

现场测量放线 ⟶ 楼层紧固件安装 ⟶ 开箱检查、分类堆放幕墙部件 ⟶

安装立柱 ⟶ 立柱调整 ⟶ 横梁安装 ⟶ 安装玻璃或铝板构件 ⟶

安装层间保温防火材料 ⟶ 嵌缝打胶密封 ⟶ 清洁 ⟶ 验收、交工

二、检查安装施工必备条件

幕墙在安装施工之前，大厦的主体结构应具备的必备条件。

具体要求如下：

第一：建筑物主体结构安装施工应该完毕，尤其是幕墙覆盖部分的各种柱、梁和剪力墙的混凝土施工应该完毕。严重的麻面、蜂窝、孔洞等要处理完毕。

幕墙工程是一座大厦外装饰工程中的最后一个项目之一，幕墙就好比是一件衣服穿在大厦的外表，这件衣服最终是要挂靠在主体结构之上的，所以主体结构墙的尺寸决定着幕墙的最终尺寸。

第二：各类预埋件已经按照图纸要求放置，并用混凝土浇注

固定完毕。

正如以上所说幕墙最终是挂靠在主体结构之上，但大厦的主体结构真正与幕墙部分相连接的是许许多多的预埋件。预埋件顾名思义就是预先埋设好的构件，它一般由钢板和钢筋组成，它必须按照设计师的预埋件分布图按位置放置并且随土建混凝土浇注一起固定。例如图 5-4 所示，平面图表示了各预埋件的平面位置，而剖面图即表示预埋件的高度位置。

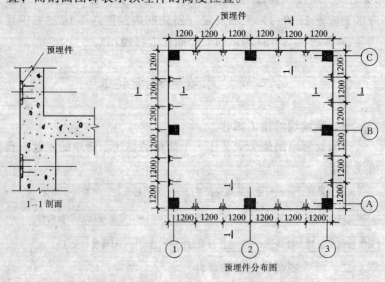

图 5-4 预埋件平面图、剖面图

第三：各楼层要经过测量放线标注清楚位置。

一座大厦的幕墙是由许多块玻璃、铝板、石材等材料组合而成的，它们当中的每一块材料在大厦的外墙上必须有一个相对应的位置，就好比人们看电影对号入座一样，如图 5-5 所示。为了达到这一目的，在幕墙安装之前就要根据图纸给出的要求为这些材料确定一个准确的安装位置。要确定它们的安装位置必须经测量放线，确定分格，然后按编号将不同板块安装就位。

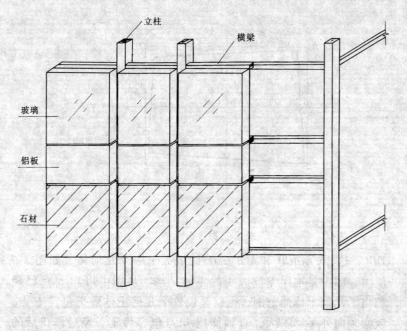

图 5-5

三、测量放线

如前面所说，幕墙就像一件衣服穿在大厦的外表上，在挂的时候是偏左还是偏右、是靠前还是靠后、是向上移还是向下移很有讲究，为了把幕墙挂得恰到好处，施工前就必须先放线。所以放线工作对幕墙施工意义重大，具体方法与步骤如下：

（1）放线前要看懂图纸，有条件最好能参加设计师召开的技术交底会，把所有的疑问都了解清楚。

（2）把土建提供的标高、竖向轴线和横向轴线复核。

（3）一般先在大厦的顶层划出一个长方形（或正方形）ABCD，这个几何形的四条边要分别垂直或平行于横向轴线或竖向轴线，同时又能最小地包容顶层建筑外缘，如图 5-6 所示。土建施工是有误差的，图中 abcd 是把误差放大后大厦顶层外缘的四个顶点，此时 ABCD 包容了 abcd。

（4）过 ABCD 四个顶点分别吊四根垂线 AA′、BB′、CC′、

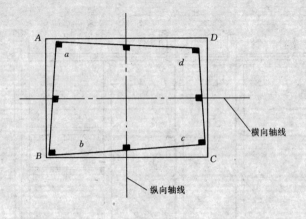

图 5-6

DD′，这样，ABCD 和 A′B′C′D′ 就组成了一个几何体，如图 5-7 所示。图中是把误差放大了的主体结构。从图中可知 b′ 点已经超出了几何主体的范围，也就是说这个几何主体要想包容 b′ 点，就必须向外平移扩大，直到能把 b′ 点包容为止。经过修正后的几何体才是我们所需要的，我们把它称之为实际幕墙框架。

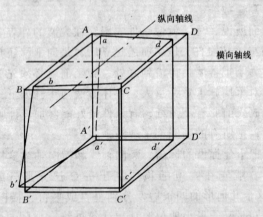

图 5-7

（5）有了实际幕墙框架，再根据图纸给出的幕墙分格尺寸，我们就可以按分格尺寸放线，定出每一根立柱的位置。如图 5-8，图中虚线表示为立柱的轴线，实际操作中它是一根垂直的钢丝。这里值得一提的是确定分格尺寸。放线时一定要用钢卷尺，最好是用50m的摇卷架式钢卷尺，而不允许用皮卷尺，因为皮卷尺伸缩性大，测量时会随着测量工人拉力大小的变化而变化。测量时先确定了一根立柱的位置，然后以它作为测量基准分别定出其他立柱的位置，决不允许把前一根立柱作为后一根立柱的测量基准，这样做会造成误差积累，最后得出的分格尺寸肯定不准确。换句话说，一个立面或一个区域其分格尺寸放线只能有一个测量基准。

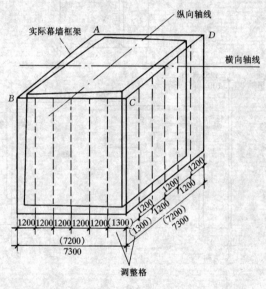

图 5-8

(6) 在预埋件上划出十字线。从图5-8知钢支座是固定在预埋板上的，预埋板有偏差就直接影响钢支座的就位，所以在安装钢支座前还需对预埋板进行校对。通常的做法是利用垂直钢丝（即分格线）把每块预埋板的垂线弹出。图5-9中预埋板中心到楼面理论距离200mm，便可以找出第一块预埋板的横线位置。将这一块预埋板的横线高度作为基准，用水准仪找出该层所有预埋

207

板的横线。

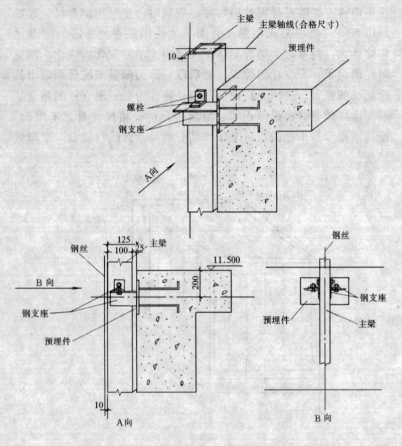

图 5-9

从图 5-9 中大家要注意，垂直钢丝离立柱表面是有一段距离
的，实际操作时钢丝不能与立柱相接触，否则无法判断立柱的进
出位置是准确还是错误。为操作方便，人们习惯空出一段距离，
便于用钢尺测量，这个距离一定是整数，习惯为 10mm。

（7）确定调整格。

设计师设计的幕墙框架是建立在主体结构理想状态之上的，
我们称之为理想幕墙框架，显然，实际幕墙框架与理想幕墙框架是有区别的。图 5-8 括号内的尺寸 7200 是理想尺寸，此时的理论分格尺寸为 1200，而实际尺寸为 7300，如果把 7300 等分，分格尺寸即为 1216.666，此时所有的分格都与图纸不符，而且都带小数点，这样很不利于施工，于是人们就引入调整格的做法。把所有的变化尺寸都集中在调整格，其余的分格尺寸保持不变，图中所示的 1300 就是调整格的尺寸。

确定调整格要注意如下几点：

第一：每一幕墙立面或每一幕墙区域只选一列（不超过二列）调整格；

第二：调整格尽可能放在两侧或不重要的位置；

第三：相邻两个立面的调整格尽可能靠在一起，如图 5-7 所示。

（8）吊垂线的方法一般有两种，一种是用传统的铅锤；另一种是用激光垂直仪。

测长水平线习惯有三种做法：①用传统的水平管，此方法简单易行，但误差较大；②用经纬仪；③用激光水准仪。

当使用传统的铅锤吊垂线时要注意风力的变化，当风力大于4 级时不能操作，否则误差太大，达不到预期的效果。

吊好的垂线要经常检查，注意是否有错位等等。

四、预埋件的安装

（1）预埋件一般在加工厂制作，在主体结构混凝土捣制之前，按照图纸的尺寸要求预先将其放置在对应的位置。为防止预埋件在混凝土捣制时发生移位，须用铁丝将其与主体结构钢筋扎紧，混凝土捣制完毕，预埋件也就固定在主体结构上了。

（2）预埋件是幕墙连接件（也称钢支座）生根的地方，所以对其有一个位置偏差要求。图纸有明确的按图纸的要求执行，图纸没有明确的按 "JGJ113—2001—7.2.4" 规定执行，即：预埋件的标高偏差不应大于 10mm，预埋件位置偏差不应大于 20mm。

（3）安装钢支座之前，用前面所述的方法在预埋件上划出十字线，对预埋件的位置进行检查。预埋件的偏差形式一般表现为位移与倾斜。以下是几种预埋件尺寸偏差处理方法可供参考：

1）预埋件偏差超过 45mm 时，应及时把信息反馈回有关部门及设计负责人，并书面通知业主、监理及有关方面。

2）预埋件偏差在 45～150mm 时，允许加接与预埋件等厚度、同材料的钢板，一端与预埋件焊接，焊缝高度≥7mm，焊缝为连续角边焊，焊接质量符合现行国家标准《钢结构工程施工及验收规范》；另一端采用 2 支 M12×110 的胀锚螺栓或其他可靠的方式固定，胀锚螺栓施工后需作抽样力学测试，测试结果应符合设计要求。

3）预埋件偏差超过 300mm 或由于其他原因无法现场处理时，应经设计部门、业主、监理等有关方面共同协商提出可行性处理方案并签审后，施工部门按方案施工。

4）预埋件表面沿垂直方向倾斜误差较大时，应采用厚度合适的钢板垫平后焊牢，严禁用钢筋头等不规则金属件作垫焊或搭接焊。

5）预埋件表面沿水平方向倾斜误差较大，影响正常安装时，可采用上述 2）的方法修正，钢板的尺寸及胀锚螺栓的数量、位置可根据现场实际情况由设计确定。

6）预埋件防腐措施必须按国家标准要求执行，必须经手工打磨，外露金属光泽后，方可涂防锈漆；如有特殊要求，须按要求处理。

7）因楼层向内偏移引起支座长度不够，无法正常安装时，可采用加长支座的办法解决，也可以采用在预埋件上焊接钢板或槽钢加垫的方法解决。

采用加长支座时：

A．当加长幅度 <100mm 时，可采用角钢制作支座，令其端部与预埋件表面焊接，焊缝高度≥7mm，焊缝为连续周边焊，焊接质量符合现行国家标准《钢结构工程施工质量验收规范》（GB 50205—2002）；

B．当加长幅度 ≥100mm 时，在采用的角钢做支座的同时，应在支座下部加焊三角支撑；支撑的材料可采用≥50×50×5的角钢，一端与支座焊接，焊缝长度≥80mm，焊缝高度≥5 mm；另一端与主体结构采用胀锚螺栓连接，加强支撑的位置以牢固和不妨碍正常安装为原则。

（4）安装钢支座时，为了方便安装和提高安装精度，一般用螺栓将钢支座预先安装在立柱上，如图5-10（a）部分。然后用前面所述的垂直钢丝对立柱进行定位安装。此时，钢支座很自然就会在预埋板上有一个确定的位置，按照这个位置把钢支座初步点焊在预埋件上，这一来，立柱也有了一个初步的安装位置，如图5-10（b）部分。待所有的（至少是一个幕墙区域）立柱和钢支座都预装完毕后，要进行全面的检查，确实无误后便可以实施钢支座与预埋件间的焊接，如图5-10（c）部分。

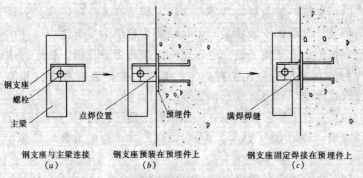

图 5-10　安装支座

（5）焊缝的高度要严格按图纸要求施工。因为幕墙所有的重量都由这些焊缝传递给主体结构，千万不可掉以轻心。没有焊工证的人员一律不能实施焊工作业。焊接时要注意别让弧光和焊渣烧坏了立柱，必要时要用钢板进行隔离。焊接后该部位的镀锌层已遭破坏，已无法起到防腐的作用。此时对该部位要用银粉漆涂刷两遍，在涂漆之前一定要把焊缝表面的焊渣清理干净。

五、连接件的安装、调整与固定

（1）安装幕墙连接件与预埋件的连接需要预安装，使连接角钢与立柱连接的螺孔中心线的位置达到以下要求：标高±3mm；角钢上开孔中心线垂直方向±2mm；左右方向±3mm。在连接角钢时按上述要求预安装后方可正式安装立柱，将连接角钢三维方向调正，使立柱在立面与侧面垂直度与标高达到设计要求。

（2）不允许先用钢板对夹立柱，再将钢板焊接定位的施工工艺，因为先固定立柱再施焊时，电弧及火花会烧坏立柱氧化膜，同时用施焊定位的工艺不能保证立柱就位准确，也无法进行三维调正。

六、立柱和横梁的安装

（一）立柱的安装

（1）立柱一般为竖向构件，立柱安装的准确性和质量，将影响整个玻璃幕墙的安装质量，是幕墙安装施工的关键之一。立柱一般根据施工及运输条件，可以是一层楼高为一整根，长度可达到7.5m，接头应有一定空隙，采用套筒连接，这样可适应和消除建筑挠度变形和温度变形的影响。

（2）立柱安装前，预埋件的复查和处理已经完毕，合格放线已经完成，并吊有垂直钢丝，至少每间隔一个分格吊有一根垂直钢丝。

（3）立柱的安装次序：如果是满堂脚手架，立柱是从下往上安装，如果是滑架，立柱是从上往下安装。所以要先检查立柱的到位情况是否与安装次序相啮合。

（4）安装前要熟悉图纸，熟悉立柱的分布情况，尤其是注意长度相似但位置不同的立柱，一般工厂出来的立柱都有编号，其编号与图纸中注明的立柱代号是相同的，要对号入座。施工人员必须进行有关高空作业的培训并取得上岗证方可进入施工现场施工；施工时严格执行国家有关劳动、卫生法规和现行行业标准《建筑施工高处作业安全技术规范》（JGJ 80）的有关规定，特别要注意在风力超过 6 级时，不允许进行高空作业；

（5）应将立柱先与连接件连接，然后连接件再与主体预埋件连接，并进行调整和固定；立柱安装标高偏差不应大于 3mm，轴线前后偏差不应大于 2mm，左右偏差不应大于 3mm；同时注意误差不得积累，且开启窗处为正公差；立柱与连接件（支座）接触面之间一定要加防腐隔离垫片。立柱的一端固定立柱连接芯套。

（6）然后逐层安装立柱，安装时，脚手架的上下垂直位置应该同时站人，并做好分工。有人扶立柱，有人对上、下钢支座位置，有人拿电焊把。定位时，以分格垂直钢丝定左右位置；以预埋件的十字线定钢支座的上下、左右位置（其实钢支座的左右位置确定也等于立柱的左右位置确定，钢支座的上下位置确定，也等于立柱的上下位置确定，可以相互复核），测量钢丝到立柱的表面距离以确定立柱的前后进出位置。此时，钢支座与预埋件有一个（也应该是惟一的）接触的位置，并将它们用电焊点焊固定。点焊的焊缝长度要把握好，太短焊缝连接强度会很不安全，长焊缝长度为 6～8mm 即可。一个支座至少焊两处，这时立柱的安装称之为预装。

（7）立柱按偏差要求初步定位后，应进行自检；对不合格的应进行调校修正；自检合格后，再报质检人员进行抽检，抽检量应为立柱总数量的 5% 以上且不少于 5 件。抽检合格后才能将连接件（支座）正式焊接牢固，焊缝位置及要求按设计图纸，焊缝高度 ≥7mm，焊接质量应符合现行国家标准《钢结构工程施工质量验收规范》（GB 50205—2002）。

（8）待一个立面、几层或者一个区域（具体由现场情况定）的立柱预装完毕后认真进行尺寸复核，要检查上下、左右、前后三方面的尺寸。左右，前后的检查用钢直尺和钢卷尺便可，而上下位置的检查应从两端或转角处着手，先根据每层楼的土建标高，结合图纸的尺寸确定转角或两端主横梁固定螺孔的高度，准确无误后过这两点拉一条钢丝或用水准仪检查其余各根立柱中横梁固定螺孔的高度。以上检查当发现偏差时，可以松开连接立柱与钢支座的紧固螺栓，利用钢支座的长形孔进行少量的调节。长形孔只能调节少量的偏差，如果出现大量偏差时只有把点焊焊缝打开重新安装。

（9）立柱尺寸复核完毕无误后便可以对钢支座进行最终焊接，工人称为满焊。此时焊接要注意两点。第一：注意防火，焊件下方应设置接火斗和安排安全负责人，操作者操作时必须戴好防护眼镜和面罩；电焊机接地零线及电焊工作回线必须符合有关安全规定。第二：防止烧伤立柱，做好隔离措施，可以用薄铁皮隔开。焊工为特殊工种，需经专业安全技术学习和训练，考试合格，获得"特殊工种操作证"后，方可独立工作。焊接场地必须采取防火防爆安全措施后，方可进行操作。

（10）焊接完毕后再作一次复核，因为焊接总是有变形的，只要真变形不超过允许的范围即可。相邻立柱安装标高偏差不应大于3mm，同层立柱的最大标高偏差不应大于5mm；相邻立柱的距离偏差不应大于2mm。

（二）横梁的安装

横梁一般为水平构件，是分段在立柱中嵌入连接，横梁两端与立柱连接处应加弹性橡胶垫，弹性橡胶垫应有20%～35%的压缩性，以适应和消除横向温度变形的要求；值得说明的是，一些隐框玻璃幕墙的横梁不是分段与立柱连接的，而是作为铝框的一部分与玻璃组成一个整体组件后，再与立柱连接的；因此，这里所述的横梁安装是指明框玻璃幕墙中横梁的安装。

在一层立柱安装完毕后可进行横梁安装。需特别强调，横梁安装偏差不取决于横梁安装本身，而取决于立柱上固定横梁角码的位置的准确程度。因此，抓横梁安装质量要从立柱上的横梁角码安装抓起才有成效，一旦立柱上的横梁角码安装超出偏差，要在安装横梁时来调整，其效果微乎其微。每层立柱与横梁安装后均应对每个连接点进行隐蔽工程验收并做好记录。

应按设计要求牢固安装横梁，横梁与立柱接缝处应打与立柱、横梁颜色相近的密封胶；安装前先将铝角码插进横梁相对应的卡槽内，用横梁固定螺栓将铝角码在立柱，横梁也随之固定在立柱上了。此时会发现，如果立柱安装得十分准确，现在安装横梁就十分轻松，横梁固定螺栓拧紧横梁的安装也就结束了。为预防万一，可依据前面安装立柱所说的高度水平线对横梁的上表面进行复核。

（三）立柱和横梁安装的质量要求

幕墙立柱及横梁安装允许偏差应符合表 5-3 的规定。

幕墙立柱及横梁安装允许偏差（mm）　　　表 5-3

序　号	项　　目		允许偏差
1	相邻两立柱间距尺寸（固定端处）		±2.0
2	相邻两横梁间距尺寸	≤2000	±1.5
		>2000	±2.0
3	分隔对角线长度差	≤2000	<3.0
		>2000	<3.5
4	立柱垂直度	高≤30m	10
		高≤60m	15
		高≤90m	20
		高>90m	25
5	立柱外表面同一平面内位置度	相邻三根立柱	2
		宽度≤20m	4
		宽度≤40m	5
		宽度≤60m	6
		宽度≤80m	8
		宽度>80m	10
6	同一标高面内横梁高度差	相邻两横梁	<1
		宽度≤35m	5
		宽度>35m	7
7	弧形幕墙立柱外表面与理论定位位置差		2

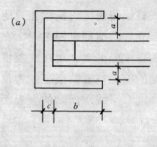

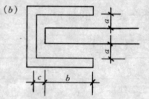

图 5-11　单层玻璃与槽口配合尺寸

七、明框幕墙玻璃的安装

明框玻璃幕墙铝合金型材在挤压时已挤压出镶嵌的相关部分。立柱与横梁安装成的框格体系，已在框架上形成玻璃镶嵌槽，用以镶嵌玻璃。镶嵌槽要保证玻璃与镶嵌槽槽壁有一定搭接量；又要使玻璃与槽底有一定间隙，以利于玻璃伸缩；以及使玻璃与槽壁间留有空腔，以便嵌入橡皮条或注胶固定玻璃。

单层玻璃与槽口配合尺寸最小值见图 5-11（b）及表 5-4。

单层玻璃与槽口配合尺寸最小值及允许偏差（mm）　表 5-4

玻璃厚度	a	b	c	允许偏差	
5～6	3.5	8	4	a	±0.5
8～10	4.5	8	4	b	±1
12 以上	5.5	10	5	c	±0.5

中空玻璃与槽口配合尺寸最小值见图 5-10（a）及表 5-5。

中空玻璃与槽口配合尺寸最小值及允许偏差（mm）　表 5-5

中空玻璃规格	a	b	c_1	c_2	c_3	允许偏差	
4＋A＋4	5	14	7	5	5	a	±0.5
5＋A＋5	5	15	7	5	5	b	±1
6＋A＋6	5	15	7	5	5	c_1	±1
8 以上＋A＋8 以上	6	17	7	5	5	c_2c_3	±0.5

七、隐框玻璃幕墙组件的安装

隐框玻璃幕墙组件的安装是指将幕墙组件安装到立柱之间最终形成幕墙的工序。

隐框玻璃幕墙组件的安装应在立柱安装和幕墙组件经中间验

收合格（对超过偏差部分处理达到合格）以及玻璃组件胶缝已经固化 21 天后进行。

隐框玻璃幕墙组件的安装应根据内嵌式、外扣式、内装固定式、外装固定式分别采用不同工艺，隐框玻璃幕墙组件的安装可在外部脚手架上进行，也可以采用吊篮进行，但对吊篮的安全运行要严格控制和管理。

隐框玻璃幕墙组件的安装前应进行定位划线，确定组件在立面上的水平、垂直位置，并在框格上划线。对组件的平面度要逐层设控制点。根据控制点拉线，按拉线调整检查，切忌跟随框格体系歪框、歪件、歪装。对偏差过大的应坚决采取重做、重安装，对个别超偏较小，且通过改孔、榫、豁不影响安全和使用的，可对孔、榫、豁进行适当扩孔，改榫（豁）。一定要使组件按规定位置就位，保证安装质量。

隐框玻璃幕墙组件的安装大致分以下几种：

1. 内嵌式

内嵌式幕墙的立柱与横梁形成的框格已将结构玻璃装配组件的位置固定，因此定位时如发现框格形成的组件位置不准，应以调整杆件为主，待框格位置调整正确后再安装组件，只允许垂直方向，不允许水平方向扩孔，因为水平方向风压与风吸力是交叉发生的，扩孔后将使组件在风压、吸力交替发生时会产生振动。

2. 外扣式

外扣式幕墙上的位置，主要取决于立柱上扣件位置，定位时要重点检查扣件的水平、垂直位置及间距，如果有一处水平垂直位置不准，将使结构玻璃装配组件位置错位，间距不准，将不能保证每扣扣紧（即只有部分扣紧）。

3. 内装固定式

组件的安装水平方向平直取决于横梁下方的挂钩及组件上框的偏差，两者挂合时可采取调整措施，即采取在横梁挂钩槽内加垫片或由调整螺栓调整。这种调整要同一水平上横梁上全部挂上组件后统一调整为最佳，如果个别调整，不易找到最佳调整点。

垂直方向也要挂线校正后再紧固固定片，安装固定片的立柱上的孔与固定片上的孔要能使螺栓紧固，即立柱上的孔外侧固定片上孔内侧不能有间隙，因为单靠螺母收紧的摩擦力是不能保证组件贴紧框格体系的。

4. 外装固定式

组件位置的调整与内装固定式差不多，它对固定片安装有更高的要求，它是从外面对板块进行固定的，多用自攻螺丝固定。

隐框玻璃幕墙组件的安装完成一定单元，即进行填缝处理，先将填缝部位用规定溶剂净化后，再塞入泡沫胶条，在胶缝两侧玻璃上贴宽5cm保护胶带纸，用规定牌号的耐候胶填缝，注胶后要用刮刀将胶缝压紧、抹平、撕掉胶带纸，并将玻璃表面的污渍全部擦干净，做到耐候胶与玻璃（铝材）粘接牢固，胶缝平整光滑，玻璃清洁无污物。

隐框玻璃幕墙组件的安装允许偏差，见表5-6。

隐框玻璃幕墙组件安装允许偏差 　　　　表5-6

项　　目		允许偏差（mm）
组件外缘垂直缝隙位置差	相邻两组件	≤2
	长度≤20m	≤3
	全长	≤6
组件外缘水平缝隙位置差	相邻两组件	≤2
	长度≤15m	≤3
	全长	≤6
同一立面上同一水平面内的平面度	接缝处	1
	相邻两组件	3

八、开启扇的安装

图5-12中列举了"深圳金粤幕墙装饰工程有限公司"在"深圳市民中心"工程中设计、安装的开启扇的横向剖面图和纵向剖面图。图中所示窗扇为6＋12A＋6的中空玻璃，玻璃通过结构胶与框料连为一体。上框料带挂钩，悬挂在固定挂钩上，我们

把上框料称为活动挂钩。固定挂钩是一根铝型材固定在横梁上。开启扇边挺分为上、下、左、右两条，它们组成窗框的形式固定在中立柱和横梁上。框料和边挺分别嵌有两道环成的三元乙丙密封胶条。开启扇的两侧分别与中立柱装有两根限位撑（图5-12）。窗扇通过活动挂钩悬挂在固定挂钩上得以开启。当窗扇摆至关闭位置时锁紧，窗扇紧紧地与边挺接触，此时依靠两道环成密封胶条起密封作用。当窗扇向外推开时，靠限位撑限定窗扇的最大开启角度，窗扇可以在这一角度范围内开启。

开启扇的安装方法和注意事项如下：

（1）窗扇在加工厂加工并组框完毕，而边挺和固定挂钩则在现场安装。

（2）固定安装在横梁的凹槽内，安装时尽量向下靠，使之紧贴凹槽的下表面，并用螺钉固定。注意不能图方便而随意放大螺钉底孔的直径，因为整个窗扇的重量就依赖这几颗螺钉支撑。

（3）安装开启扇的上、下、左、右边挺。安装前别忘了先穿上密封胶条。这里的所要提醒是这四根边挺要在同一平面上，而且这一平面一定要与固定挂钩平行。因为窗扇是挂在固定挂钩上的，它摆动的轴心就是固定挂钩的轴线。窗扇的密封靠胶条与边挺紧密接触来实现，只有窗扇与边挺平行，胶条才密封严实。否则就会出现一边胶条接触严实，另一边出现空隙起不到密封的效果。

（4）安装窗扇。装窗扇时要两人用手托住底部把它向外摆一个角度，然后一起用力向上托起，当活动挂钩顶住固定挂钩的顶部时一起用力向外推，活动挂钩便悬挂在固定挂钩上了，此时轻轻地松开手，确定窗扇掉不下来时来回摆几下，没有问题时便可以进入下一道工序。

（5）紧接着安装限位撑。限位撑最大的作用是限制窗扇的开启角度，没有它，窗扇的开启角度会随意地增大，如达到一定的值时窗扇就会从固定挂钩中脱落下来。所以窗扇一挂到横梁上，限位撑要紧接着安装，不能等，否则别人不知道用手一推，它就有可能掉下去。

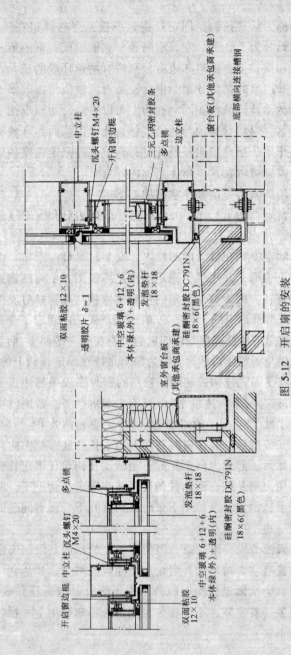

图 5-12 开启扇的安装

中立柱

沉头螺钉 M4×20

开启窗边框

三元乙丙密封胶条

多点锁

边立柱

窗台板（其他承包商承建）

底部横向连接槽钢

双面粘胶 12×10

透明胶片 δ＝1

中空玻璃 6+12+6
本体绿（外）+透明（内）

发泡垫杆 18×18

室外窗台板
（其他承包商承建）

硅酮密封胶 DC791N
18×6（黑色）

多点锁

开启窗边框 中立柱 沉头螺钉 M4×20

发泡垫杆 18×18

中空玻璃 6+12+6
本体绿（外）+透明（内）

硅酮密封胶 DC791N
18×6（黑色）

双面粘胶 12×10

（6）开启扇最好能在脚手架拆卸前安装，这样操作较为方便，若开启扇供应不及时脚手架已经拆除，工人只能站在室内，用吸盘吸住窗扇，并伸出一根木方撬窗扇的底部来安装。这种方法较为困难。

（7）窗扇装好后来回摆动几下，检查挂钩和限位撑运动是否灵活可靠，然后锁紧窗扇检查胶条的密封程度，确认无误后清洁并关闭窗扇，锁紧多点锁，以防大风损坏窗扇。

九、保护和清洁

（1）施工中的幕墙应采用适当的措施加以保护，防止发生碰撞、污染、变形、变色及排水管堵塞等现象；

（2）施工中给幕墙及幕墙构件等表面装饰造成影响的粘附物等要及时清除，恢复其原状；

（3）玻璃幕墙工程安装完成后，应制定清扫方案，防止幕墙表面污染和发生异常；其清扫工具、吊盘以及清扫方法、时间、程序等，应得到专职人员批准；

（4）幕墙安装完后，应从上到下用中性清洁剂对幕墙表面及外露构件进行清洗。清洗玻璃和铝合金件的中性清洁剂，清洗前应进行腐蚀性检验，证明对铝合金和玻璃无腐蚀作用后方能使用；清洁剂有玻璃清洗剂和铝合金清洗剂之分，互有影响，不能错用，清洗时应隔离；清洁剂清洗后应及时用清水冲洗干净。

十、总检

（1）幕墙安装完毕，质量检验人员会进行总检，指出不合格的部位并督促及时整改，出现较大不合格项或无法整改时，应及时向有关部门反映，待设计等部门出具解决方案。

（2）对幕墙进行总检的同时应及时记录检验结果，所有检验记录、评定表等资料都应归档保存。

（3）总检合格后方可提交监理、业主验收。

十一、维修

维修过程除严格遵循以上安装施工的有关要求外，还应执行以下要求：

（1）更换隐框幕墙玻璃时一定要在玻璃四周加装压块，要求每一边框加装三块，并在底部加垫块；压块与玻璃之间应加弹性材料，待结构胶干后应及时去掉压块和垫块，并补上密封胶。

（2）在更换楼层较高的玻璃时，应采用有可靠固定的吊篮或清洗机，必须有管理人员现场指挥；高空作业时必须要两人以上进行操作，并设置防止玻璃及工具掉下的防护设施。

（3）不得在4级以上的风力及大雨天更换楼层较高的玻璃，并且不得对幕墙表面及外部构件进行维修。

（4）更换的玻璃、铝型材及其他构件应与原来状态保持一致或相近，修复后的功能及性能不能低于原状态。

第六章　幕墙构件加工和现场施工管理

第一节　安全文明生产

1. 遵守操作规程及各项规章制度

各项规章制度是全体施工人员行为的基本规范或准则。是贯彻党的方针政策、国家的法律法规以及企业的内部规章的具体措施或实施细则。

具体来说主要有以下几方面内容：

贯彻施工生产操作规程和技术质量标准的措施；

生产活动分析例会制度；

劳动保护与安全生产措施；

劳动定额管理办理；

机具设备保养措施；

材料和能源节约措施；

岗位经济责任制；

经济活动分析例会制度；

班组民主生活会制度；

职业道德规范；

文化技术学习措施；

基础资料管理办法等等。

2. 安全施工技术措施

（1）进入施工现场必须佩戴安全帽，高空作业必须系安全带、带工具带。严禁高空坠物，严禁穿拖鞋、凉鞋进入现场。

（2）在外架施工时，禁止上下攀爬，必须由通道出入。

（3）幕墙施工作业面下方，禁止人员通行和施工。

（4）电焊连接部位时，要设"接料斗"，将电焊火花接住，防止火灾。

（5）电动机械须安装漏电保护器，手持电动工具操作人员须戴绝缘手套。

（6）在高层建筑幕墙安装与上部结构施工交叉作业时，结构施工层下方必须架设挑出 3m 以上防护装置。建筑在地面上 3m 左右，应设挑出 6m 水平安全网。如果架设竖向安全平网有困难，可采取其他有效方法，保证安全施工。

（7）坚持开发"班前会"，研究当日安全工作要点，引起大家重视。

（8）加强各级领导和专职安全员跟踪到位的安全监护，发现违章立即制止，杜绝事故的发生。

（9）6级以上的大风、大雾、雷雨、大雪严禁高空作业。

（10）职工进场必须搞好安全教育并做好记录，各工序开工前，工长及安全员做好书面安全技术交底工作。

（11）安装幕墙用的施工机具在使用前必须进行严格检验。吊篮须做荷载试验和各种安全保护装置的运转试验；手电钻、电动改锥、切割锯等电动工具需做绝缘电压试验。

（12）应注意防止密封材料在使用时产生溶剂中毒，且要保管好溶剂，以免发生火灾。

第二节 施 工 指 南

一、施工准备

建筑施工是一项十分复杂的生产活动，必须按施工程序组织施工，自始至终坚持"不打无准备之仗，不打无把握之仗"的原则。从各方面细致地做好准备工作，这对调动各方面的积极因素，合理组织人力、物力、财力、加快工程进度，提高工程质量，节约资金和材料，提高经济效益，有着重要的作用。如果忽视施工准备工作，仓促上阵，在施工过程中就会缺东少西，手忙脚乱，或对新工艺、新材料、新技术不甚了解，延误时间，浪费材料和人力，甚至被迫停工、返工、造成不应有的损失。

施工准备工作不仅仅指开工前的工作，工程开工以后，在各个施工阶段也要根据各施工阶段的特点及工期计划的安排提前做好各种必要的准备工作，班组的施工包括组织本班组成员进行技术交底，对新材料、新工艺、新技术组织上岗前的培训，做好物质准备工作、施工现场准备等。

1. 学习施工图

施工图是工程的语言。要想把设计人员的设计意图付诸实践，首先必须看懂、看通施工图，掌握施工图中的全部情况和具体要求，避免在施工中出现差错，造成不必要的损失。

2. 施工图的内容

一个完整的建筑工程施工图，包括图纸目录，总说明，建筑施工、结构施工图，总平面图，大样图，立面图，节点图，分层平面图及各层结构布置图，屋顶结构布置图和柱、梁、板等构件详图。

3. 识图的一般步骤和方法

(1) 阅图前，应先掌握投影原理，熟悉各种图例，熟悉房屋建筑各部位基本结构和组成，阅读图时，应先看图纸目录，检查图纸是否齐全。

(2) 先读说明文，后看图，了解建筑幕墙各部位要求和做法，以及有关技术要求和资料。

(3) 先看结构图，后看加工安装图，结构图和加工安装图结合看，使之在头脑中有一个完整的概念。

(4) 在结构图中，先看平面，后看立面、剖面图；先看基本图，后看详图。平、立、剖面图结合看，使建筑物在头脑中有一个整体的空间形象。

(5) 在加工安装图中，先看节点图，后看加工、施工图，并对照结构图看是否有矛盾和不明之处。

（6）在看图中要注意设计图中的新材料的应用以及新技术、新工艺，并考虑实际操作水平，以便培训和学习，局部要求与施工详图和标准结合看，弄清局部节点的具体施工要求。

4．明确现场施工程序

5．技术交底

班组长接受技术交底后，向工人交底的同时，要组织全班成员进行学习讨论，明确本工种的施工操作要点，质量要求，技术措施，安全注意事项等。

6．岗前培训

培训学习的方法有：

（1）班组长或工长讲解：在施工前可利用施工间隙、晚间对工人进行工种培训，如机加工，要每个人都清楚材料的规格、种类、数量、在构件中的位置、加工尺寸数量等要求。尤其是对于本班组以前没接触过的特殊工种、特殊要求或新工人，施工前一定要做到人人心中有数。否则，想当然，抢工期蛮干，会造成费工、费料，影响工期，甚至造成安全事故。

（2）示范：对施工中的新材料、新技术、新工艺的应用，要先按设计图中的技术要求、具体做法，由技术好的工人做出样板，然后再指导组内的其他成员操作练习，以达到规定要求。

（3）观摩：对一些新的或不熟悉的操作工艺，可以向正在施工中的班组学习，通过观看、模仿、掌握其技术要领。班组长应经常组织工人参观学习新技术、新工艺。

7．物质准备

物质准备是施工班组开展正常施工生产所必备的基础，必须在施工生产前做好准备。在施工前应根据工种所需要的各种原材料、预制构件、配件、施工机具、生产设备等，督促有关部门按计划提前做好准备。

8．作业条件准备

班组在加工、施工前除了备好所需的材料、机具外，还应具备一定的施工条件，有的条件由本班组准备，有的则需要其他班组协助准备。工序之间是互相衔接的，只有当上道工序施工完毕并检查合格后，下道工序才能开始施工，因此上道工序情况如何也是下道工序的施工条件。因此，每个班组为下道工序创造良好的作业条件。

9. 工种间的配合

不同工种一般都不是独立的，施工中需要其他工种的配合和协调，如果配合不好，会造成费工费料、延误工期。因此，班组在施工前，要认真考虑同相关工种的配合。

10. 冬、雨期施工准备

(1) 雨期施工准备工作

雨期到来前，材料、物资应多备用，减少雨天的运输量，以节约费用。要做好现场防雨排水工作。做好晴天、雨期施工的综合进度安排，尽量避免雨期窝工造成的损失。做好道路的维护，保证运输畅通。采取有效的技术措施，做好安全施工的教育工作。

(2) 冬期施工的准备工作

明确冬施项目，编好进度安排，备好各种保温材料，做好室外施工部位及临时设施等的保温、防冻工作。冬期到来前，储备足够的材料、构件、物资等，节约冬运费用。做好停止施工部位的安排和检查。加强安全教育，严防火灾发生。

二、施工质量管理

为了搞好施工质量管理，要求明确质量管理责任制；掌握质量检验的方法和标准；做好成品保护工作；妥善、及时处理好质量事故；进行全面质量管理。

(一) 质量管理责任制

为保证工程质量，一定要明确规定每个工人的质量管理责任，建立严格的管理制度，这样才能使质量管理的任务、要求、办法具有可靠的组织保证。

操作人员的主要职责是：

(1) 牢固树立"质量第一"的思想，严守操作规程和技术规定，对自己的工作要精益求精，做到好中求多，好中求快，好中求省。不能得过且过，不得马虎从事。

（2）做到三懂五会：懂设备性能、懂质量标准和操作规程、懂岗位操作技术；会看图、会操作、会维修、会测量、会检验。操作前认真熟悉图纸，操作中坚持按图和工艺标准施工，不偷工减序减料，主动做好自检，填好原始记录。

（3）爱护并节约原材料，合理使用工具、量具和仪表设备，精心维护保养。

（4）严格把住"质量关"，不合格的材料不使用，不合格的工序不交接，不合格的工艺不采用，不合格的工程（产品）不交工。

（二）质量检查

质量检查是保证和提高工程质量的重要环节。质量检查要坚持专业检查和自我检查相结合的方法，要加强施工过程中的质量检查，发现问题，及时解决，做到预防为主。

自检是贯彻预防为主的重要措施。要作为不可缺少的工作程序来执行。操作中要随时自检，每日完工后要按设计要求和质量标准进行自检，实行质量控制，真正把好自检关。

互检是互相督促、互相检查、共同提高的有力手段，也是保证质量的有效措施。通过互检，可以肯定成绩，交流经验，找出差距，以便采取措施，改进提高。互检工作开展得好坏，是操作质量能否持续提高的关键。

交接检指前后工序之间进行的交接检查。交接检工作也是促进上道工序自我严格把关的重要手段。班组在交接检查，要对上一班或上一工序的设计要求和质量标准进行全面的检查。

（三）质量评定

工程质量是由一定的数据反映的。质量评定就是通过这些数据指标来说明工程质量的优劣。

建筑安装工程质量等级，按国家标准规定划分为"合格"与"不合格"。不合格的不能交工验收。

作为幕墙工，应该掌握主要材料的质量检验方法、常识和分项工程质量检验评定标准，这样，才能在懂得"所以然"的基础上，加强质量管理。

（四）成品、半成品保护

成品保护是指在施工过程中，对已完成的分项工程，或者分项工程中完成的部位加以保护。做好成品保护可以保证已完成部位不受损失，保证未完部位继续顺利施工，以保证工程质量，不增加维修费用、降低成本，保证工期。

半成品保护是指从加工厂制成的加工组件，如玻璃幕墙已打完胶的玻璃框架等的保护。做好半成品的保护可以保证施工的质量和进度，由于加工组件为成批生产，一旦少一二件，需要重新加工制作，所需加工流程乃同批生产是一样的，甚至难度要更高、时间要更多一些。

成品和半成品保护的方法有护、包、盖、封四种。

护，就是提前保护。如为了防止玻璃面、铝型材污染或挂花，在其上贴一保护膜等。

包，就是进行包裹，以防损坏或污染，如幕墙组件在运往施工现场的过程中进行的包装等。

盖，就是表面覆盖，以防损伤和污染。

封，就是局部封闭，防止损伤和污染。

此外，在加工和安装工程中，有时还会发生已加工安装好的部件丢失现象。因此，必要时还应采取一定的防盗措施。

（五）质量事故的处理

凡工程质量不符合质量标准的规定而达不到设计要求，都叫工程质量事故。它包括由于设计错误、材料设备不合格、施工方法错误、指挥不当、漏检、误检以及偷工减料等原因所造成的各种质量事故。

工程质量事故的分类：以造成的后果可分为未遂事故和已遂事故。凡通过自检、互检、隐蔽工程验收、预检和日常检查所发现的问题，经自行解决处理，未造成经济损失或延误工期的，均属未遂事故；凡造成经济损失及不良后果者，均构成已遂事故。

按事故的情节及性质可分为一般事故、重大事故。

凡已形成的一般事故和重大事故，均应进行调查，统计、分析、记录，提出处理意见并上报上级机关，严禁隐瞒不报或谎报。

对一般未遂事故或重大未遂事故，要及时认真自行处理。并进行统计、记录，分析原因，总结教训，加强质量教育，采取有效对策。

对于重大质量事故，要写出详细的事故专题报告上报。必须严肃认真，一定要查明原因，做到"三不放过"（即事故原因不搞清不放过，事故责任者和群众没有受到教育不放过，没有防范措施不放过）。对工作失职或违反操作规程造成质量事故的直接责任者，要根据情节，给以纪律处分，赔偿经济损失，直至受到法律制裁。

主要参考文献

1 中国建筑装饰协会工程委员会．实用建筑装饰施工手册．北京：中国建筑工业出版社，1999

2 张芹．建筑幕墙与采光顶设计施工手册．北京：中国建筑工业出版社，2002

3 彭政国，张芹，孟庆范．现代建筑装饰—铝合金玻璃幕墙与玻璃采光顶．北京：中国建筑工业出版社，1996

4 龚洛书．建筑工程材料手册．北京：中国建筑工业出版社，1997

5 郭钖纯，唐瑞霞，姚积伸．新型建筑五金实用手册．北京：中国建筑工业出版社，1999

6 王永臣，王翠玲．建筑工人技术系列手册—放线工手册．北京：中国建筑工业出版社，1999

7 张坤，沈元勤，郭宏若．建筑企业班组管理．北京：中国建筑工业出版社，1991

8 国家经贸委安全生产局，中华全国总工会经济工作部．企业员工安全知识读本（劳务工版）．北京：中国社会出版社，2000

9 刘忠伟，马眷荣．建筑玻璃在现代建筑中的应用．北京：中国建材工业出版社，2000

10 杨金铎，杨洪波．房屋构造（第三版）．北京：清华大学出版社，2001

11 全国建筑业企业项目经理培训教材编写委员会．施工项目信息管理．北京：中国建筑工业出版社，2002

12 全国建筑业企业项目经理培训教材编写委员会．工程招投标与合同管理（修订版）．北京：中国建筑工业出版社，2002

13 全国建筑业企业项目经理培训教材编写委员会．施工项目质量与安全管理（修订版）．北京：中国建筑工业出版社，2002

14 中国建筑金属结构协会铝门窗幕墙委员会．铝门窗幕墙技术新编资料汇编